Diercke

Geographie

Sachsen-Anhalt

Schuljahrgang 9

Moderation:
Notburga Protze
Margit Colditz

Autorinnen und Autor:
Margit Colditz
Sylvia Gemeiner
Cornelia Linde
Notburga Protze
Olaf Sedelky

unter Mitwirkung
der Verlagsredaktion

westermann

Titelfoto: Transamerica Pyramid, San Francisco

© 2018 Westermann Bildungsmedien Verlag GmbH,
Georg-Westermann-Allee 66, 38104 Braunschweig
www.westermann.de

Druck A^5 / Jahr 2024
Alle Drucke der Serie A sind im Unterricht parallel verwendbar.

Redaktion: Lektoratsbüro Eck, Berlin
Druck und Bindung: Westermann Druck GmbH,
Georg-Westermann-Allee 66, 38104 Braunschweig

ISBN 978-3-14-**140026**-7

Dein neues Schulbuch für das Fach Geographie soll dich beim kompetenzorientierten Arbeiten in der Sekundarstufe I unterstützen.

Nachfolgend erhältst du einen Überblick über besonders gestaltete Seiten und die Bedeutung verwendeter Zeichen.

GeoAuftakt

Die Kapitel 1 bis 5 werden jeweils mit einer Auftakt-Doppelseite eröffnet. Diese enthält ein motivierendes Foto mit der Angabe des entsprechenden Themas. Am rechten Rand wird dir ein Überblick über den Kapitelinhalt und die laut Fachlehrplan anzueignenden bzw. anzuwendenden Kompetenzen gegeben.

GeoMethode

So gehst du vor

1. •
   •
2. •
   •
3. •
   •

Auf diesen Seiten findest du im Fachlehrplan ausgewiesene Methoden. Zu ihrer Aneignung werden dir in blauen Kästen Arbeitsschritte angegeben, die du an Beispielen anwenden und festigen kannst.

GeoKompetenzen

Ich kann ...

☺ sehr gut

☺ gut

☺ befriedigend

☹ mangelhaft

Am Ende eines jeden Kapitels dient der Kompetenz-Check dazu, den Stand deiner Kompetenzentwicklung individuell zu hinterfragen. Darüber hinaus helfen dir die Beispiele von Klassenarbeiten und Aufgabenstellungen bei der Anwendung und Festigung erworbener Kompetenzen.

Zeichenerklärung

M Mit einem M sind Materialien gekennzeichnet. Sie enthalten vor allem Fotos, Grafiken, Karikaturen, Quellen- und Arbeitstexte, Karten/-skizzen oder Statistiken wie Tabellen und Diagramme. Auf jeder Doppelseite sind sie mit 1 beginnend nummeriert.

ℹ Mit einem i versehene Texte geben dir weiterführende Informationen oder Begriffserklärungen.

Fettdruck Die im Fachlehrplan ausgewiesenen, verbindlich anzueignenden Fachbegriffe sind in den Texten fett gedruckt. Ihre Erklärung findest du auch im GeoLexikon am Ende des Buches.

Unter den angefügten Internetadressen findest du vertiefende Informationen.

❶ Auf den Seiten unten sind Aufgaben zur Entwicklung, Anwendung bzw. Festigung von Kompetenzen angeordnet. Zur Bearbeitung dieser Aufgabenstellungen findest du auf dem hinteren Innentitel einen Überblick über wichtige Signalwörter mit unterschiedlichen Anforderungen.

💻 Hier werden dir zu nutzende Atlasseiten aus dem Diercke Weltatlas empfohlen. Durch Eingabe des Web-Codes unter der Adresse schueler.diercke.de (z. B. 100800-030) gelangst du auf die passende Atlasseite. Du erhältst zudem Hinweise zu ergänzenden Karten mit zahlreichen interaktiven Infos.

✎ Dieses Symbol weist auf das Arbeitsheft hin. Darin kannst du anwenden, üben und festigen.

4 Aktionsraum Europa   106

5 Wirtschaftsraum Deutschland   128

Anhang   158

Der Panamákanal ...
- verbindet den Atlantischen Ozean mit dem Pazifischen Ozean
- Inbetriebnahme: 1914, Erbauer: USA, Verwalter: bis 1999 USA, ab 2000 Panamá
- Länge: 81,6 km, Breite: 150 bis 300 m, Überwindung des Höhenunterschiedes von 26 m
- Durchfahrtsdauer: rund 12 Stunden
- nach dem Suezkanal wichtigster Schifffahrtsweg der Welt
- Abwicklung von etwa fünf Prozent des Welthandels
- Auch Nicaragua plant einen Kanal zwischen Karibik und Pazifik, der Bau ist noch ungewiss.

1 Doppelkontinent Amerika

In diesem Kapitel erwirbst du folgende Kompetenzen und wendest diese an:

– die Lage des Doppelkontinents Amerika und seine Gliederungen beschreiben,

– Nord- und Südamerika unter natur-, kultur- und sozialräumlichen Aspekten vergleichen,

– die Bedeutung von Welterbestätten erläutern und Kriterien für deren Ausweisung benennen,

– Disparitäten zwischen und innerhalb von Ländern Amerikas analysieren,

– mit statistischen Daten arbeiten.

M1 *Blick auf eine Schleuse des Panamákanals*

M1 *Vielfalt des Doppelkontinents*

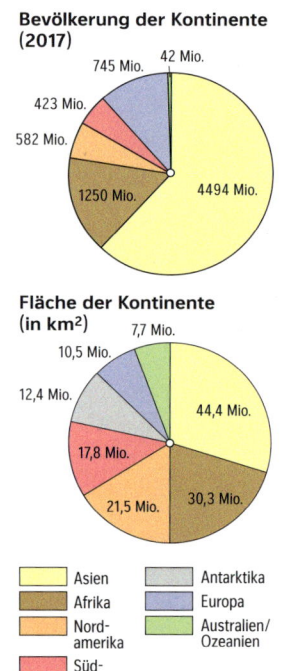

Bevölkerung der Kontinente (2017)

745 Mio.
42 Mio.
423 Mio.
582 Mio.
1250 Mio.
4494 Mio.

Fläche der Kontinente (in km²)

7,7 Mio.
10,5 Mio.
12,4 Mio.
17,8 Mio.
21,5 Mio.
44,4 Mio.
30,3 Mio.

- Asien
- Afrika
- Nord-amerika
- Süd-amerika
- Antarktika
- Europa
- Australien/Ozeanien

25825EX
© Westermann

M2 *Die Kontinente im Vergleich*

Doppelkontinent – ein Überblick

Der Doppelkontinent Amerika bietet ein Bild voller Kontraste und Widersprüche. Wenn von Entfernungen, Landschaften, Flüssen oder Seen gesprochen wird, dann unter anderen Dimensionen als zum Beispiel in Europa. Vieles erscheint in Amerika gigantisch, die Ausdehnung des Doppelkontinents ebenso wie die flächenmäßige Größe der Landschaften. Auch die Natur bringt in ihrer Vielfalt extreme Gegensätze hervor.

Der Doppelkontinent erstreckt sich zwischen Pazifik und Atlantik, vom Nordpolargebiet bis fast zum Südpolargebiet über rund 14 000 km und ist somit der Kontinent mit der größten Nord-Süd-Ausdehnung. Durch eine schmale Land- und Inselbrücke, die Mittelamerika bildet, sind Nord- und Südamerika miteinander verbunden. Der Isthmus von Panamá mit dem Panamákanal wird zumeist als geographische Grenze zwischen Mittel- und Südamerika angesehen.

In ihrer äußeren Gestalt ähneln sich Nord- und Südamerika. Sie erscheinen wie große Dreiecke, die auf der Spitze stehen. Im Einzelnen bestehen jedoch wesentliche Unterschiede. So ist Nordamerika wie Eurasien stark gegliedert. Besonders im Norden sind dem Festland zahlreiche Inseln und Halbinseln vorgelagert. Südamerika dagegen stellt einen geschlossenen Landblock dar. Nur im Norden, Süden und Südwesten liegen vor der Küste einige Inseln. Zwischen Nord- und Südamerika erstreckt sich wie zwischen Europa und Afrika ein Mittelmeer.

Auf dem Doppelkontinent befinden sich über 30 Länder. Sie weisen unterschiedliche Flächengrößen und Bevölkerungszahlen auf. So nehmen Kanada und die USA z. B. ein Gebiet von 19 Mio. km² ein. Die Größe der mittel- und südamerikanischen Länder reicht vom „Riesenland" Brasilien, das mit 8,5 Mio. km² fast so groß wie Europa ist, bis zu winzigen Inselrepubliken im Karibischen Meer.

❶ „Der Doppelkontinent ist natur- und kulturräumlich vielfältig." Begründe diese Aussage.

❷ Ermittle den nördlichsten und südlichsten Punkt des amerikanischen Festlandes.

100800-206-01
schueler.diercke.de

So gehst du vor

1. **Zu vergleichende Räume auswählen und deren Lage bestimmen und beschreiben**
- Die Räume müssen vergleichbar sein, dazu müssen sie über ein Maß an Gemeinsamkeiten verfügen.

2. **Zu vergleichende Aspekte und Fragestellungen festlegen**
   mögliche Aspekte:
- Lage, Größe, Ausdehnung, Gliederungen
- kulturelle Merkmale
- naturräumliche Ausstattung
- Wirtschafts- und Siedlungsstruktur

3. **Materialien den Fragestellungen entsprechend sichten**
- z. B. Schulbuch, Atlas, Internet
- verschiedene Darstellungsformen (z. B. Karten, Statistiken, Bilder, Grafiken, Schemata, Texte)

4. **Vergleich durchführen**
- Gemeinsamkeiten/Ähnlichkeiten
- Unterschiede

5. **Ergebnisse des Vergleichs zusammenfassen**
- Gemeinsamkeiten/Ähnlichkeiten und Unterschiede in unterschiedliche Darstellungen bringen
- deren Ursachen und Folgen aufzeigen

6. **Ergebnisse präsentieren**
- unterschiedliche Präsentationsformen anwenden (auch digital)
- der Klasse vorstellen und Nachfragen beantworten

	Nord- und Mittelamerika	Südamerika
Fläche	24,2 Mio. km² davon: 1,4 Mio. km² Mittelamerika 2,1 Mio. km² Grönland	17,8 Mio. km²
Anteil an der Landoberfläche der Erde	ca. 16 %	ca. 12 %
Nord-Süd-Ausdehnung	ca. 7000 km 83° n. Br. – 8° n. Br.	ca. 7500 km 8° n. Br. – 55° s. Br.
West-Ost-Ausdehnung	ca. 6900 km (entlang 66,5° n. Br.)	ca. 5000 km

M3 *Nord-/Mittelamerika und Südamerika im Vergleich*

M4 *Der Doppelkontinent: geographisch-kontinentale und kulturräumliche Gliederung*

ⓘ Info

Angloamerika
- Englisch sprechender Teil Amerikas
- umfasst Kanada und USA

Lateinamerika
- Spanisch und Portugiesisch (Brasilien) sprechender Teil Amerikas

❸ Vergleiche Amerika mit anderen Kontinenten (Lage im Gradnetz, Fläche, Einwohnerzahl).

❹ Erläutere die verschiedenen Gliederungen (M4).

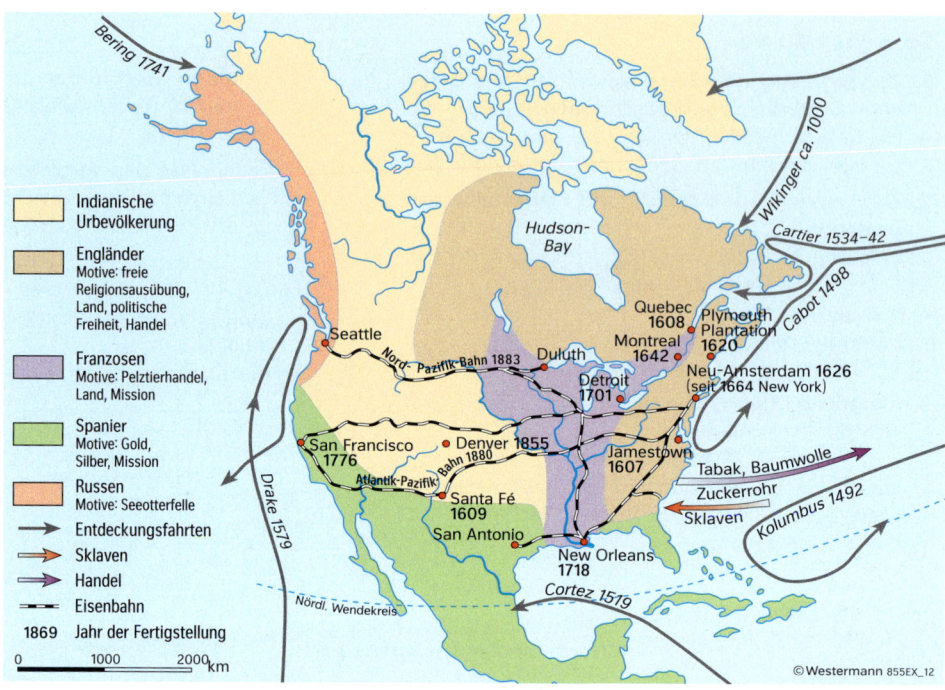

M2 *Entdeckungsfahrten und Erschließung Nordamerikas*

www.planet-wissen.de
(→ Entdeckung
Amerikas)

M1 *Inuit*

Besiedlung Angloamerikas

Vor etwa 15 000 Jahren setzte die erste Besiedlung ein. Jäger, Sammler und Ackerbauern wanderten aus Asien über die Landbrücke der heutigen Beringstraße ein und siedelten sich in Nord- und Südamerika an. Zum ersten Mal gesichtet und „vorentdeckt" wurde der amerikanische Kontinent um das Jahr 1 000 durch die Wikinger. Die Existenz einer Inselbrücke erlaubte es ihnen, bis zu den Küsten des nordamerikanischen Festlandes vorzudringen. Durch die Europäer begann die Eroberung und Besiedlung um 1600 und erfolgte vor allem von Ost nach West. In Kanada drangen zuerst Pelztierjäger über den St.-Lorenz-Strom und die unzähligen Seen ins Landesinnere vor. Im 17. Jahrhundert besiedelten Briten und Franzosen das heutige Kanada.

Auf dem Gebiet der heutigen USA gründeten englische Einwanderer 1584 an der Ostküste die erste englische Kolonie, Virginia. Seit dem 19. Jahrhundert verlagerte sich die Siedlungsgrenze immer weiter nach Westen. Die Siedler eigneten sich dabei die für den Ackerbau und Bergbau günstigsten Gebiete an, der indianischen Urbevölkerung wurde ein großer Teil ihrer Lebensgrundlagen genommen.

Zu den gemeinsamen kulturellen Merkmalen Angloamerikas zählen aufgrund der geographisch-historischen Entwicklung das Vorherrschen der englischen Sprache (Ausnahmen: Französisch in Teilen Kanadas und Spanisch im Süden und Westen der USA), die Dominanz des Christentums, aber auch anderer Religionen sowie eine Durchmischung der Bevölkerung.

❶ Halte einen Kurzvortrag zur Entdeckung und Besiedlung Angloamerikas.

❷ Lokalisiere namensgleiche Orte in Angloamerika und Europa wie Jena/Jena, New Orleans/Orlean.

100800-210
schueler.diercke.de

M3 *Schülerinnen und Schüler einer New Yorker Schule*

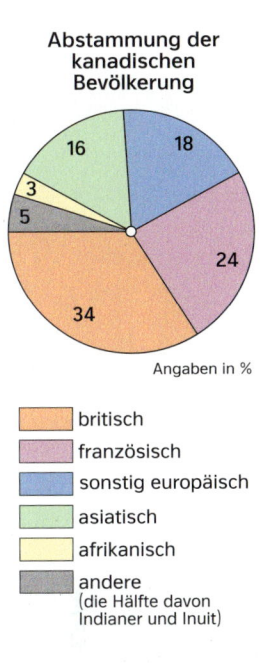

Abstammung der kanadischen Bevölkerung

Angaben in %

britisch
französisch
sonstig europäisch
asiatisch
afrikanisch
andere
(die Hälfte davon
Indianer und Inuit)

© Westermann   7626EX_2

M4 *Abstammung der kanadischen Bevölkerung*

Bevölkerung Angloamerikas

Die Bevölkerung Angloamerikas ist ungleichmäßig verteilt. Neben kaum besiedelten Gebieten gibt es sehr dicht bewohnte Räume. Dies liegt einerseits an den naturräumlichen Gegebenheiten und andererseits an der Siedlungsgeschichte des Kontinents.

Kanada und die USA sind bis heute klassische Einwanderungsländer, was sich auch in der Bevölkerungszusammensetzung widerspiegelt. Seit der Verschärfung der Einwanderungspolitik in den USA im Jahre 2005 hat der Anteil illegaler Zuwanderer zugenommen.

Die anhaltend hohen Zuwanderungszahlen von Menschen aus anderen Regionen der Erde haben in Angloamerika dazu geführt, dass die Bevölkerungszahl wächst, während sie in anderen hochentwickelten Staaten der Erde eher stagniert bzw. auch rückläufig ist.

Lange waren die USA bestrebt, die Verschmelzung der verschiedenen Bevölkerungsgruppen zu einer Nation zu erreichen. Diese Idee vom „Melting pot of people" funktioniert nur unter der weißen Bevölkerung. In der Realität sind die anderen Bevölkerungsgruppen unzureichend in die Gesellschaft integriert, woraus viele soziale Probleme resultieren.

Aber auch in Kanada gibt es siedlungshistorisch bedingte Probleme zwischen der franko- und angloamerikanischen Bevölkerung. Die französischsprechende Provinz Quebec wird wirtschaftlich und kulturell von den Anglokanadiern dominiert. Dagegen lehnen sich viele Frankokanadier auf. Sie fordern ein unabhängiges Quebec.

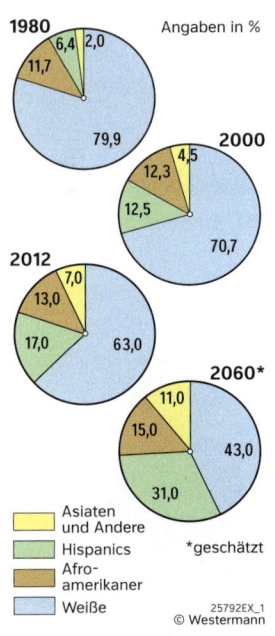

Asiaten und Andere
Hispanics
Afro-amerikaner
Weiße

*geschätzt

25792EX_1
© Westermann

M5 *Zusammensetzung der Bevölkerung der USA*

③ Erkläre, warum die Bevölkerung Anglomerikas eine multikulturelle Gesellschaft ist.

④ Informiere dich über Einwanderungsbestimmungen für Kanada und die USA (Internet).

M1 *Sonnenkalender der Azteken (Sonnenstein) im Nationalmuseum Mexikos*

Eroberung Lateinamerikas

Von 1788 bis 1804 bereiste der deutsche Geograph und Naturforscher Alexander von Humboldt Südamerika. Er sammelte umfangreiches Material zur Geologie, zur Tier- und Pflanzenwelt, bestieg den Vulkan Chimborazo, beschrieb dabei Höhenstufen von Klima und Vegetation und erforschte auch das Leben der indianischen Bevölkerung.

Die Spanier und Portugiesen, die im 15./16. Jahrhundert Mittel- und Südamerika eroberten, hatten keine so friedlichen Absichten. Berichte über Goldschätze waren Anlass, die alten Kulturreiche der Indianer zu unterwerfen. Durch Gewalttätigkeiten der einwandernden Europäer und durch von ihnen eingeschleppte Krankheiten wurde ein großer Teil der indigenen Bevölkerung stark dezimiert oder sogar vernichtet. Dies trug auch im 15. Jahrhundert zum Untergang des flächenmäßig größten Indianerreiches, dem der Inka, bei.

M2 *Ruinenstadt Machu Picchu*

M3 *Indio-Junge*

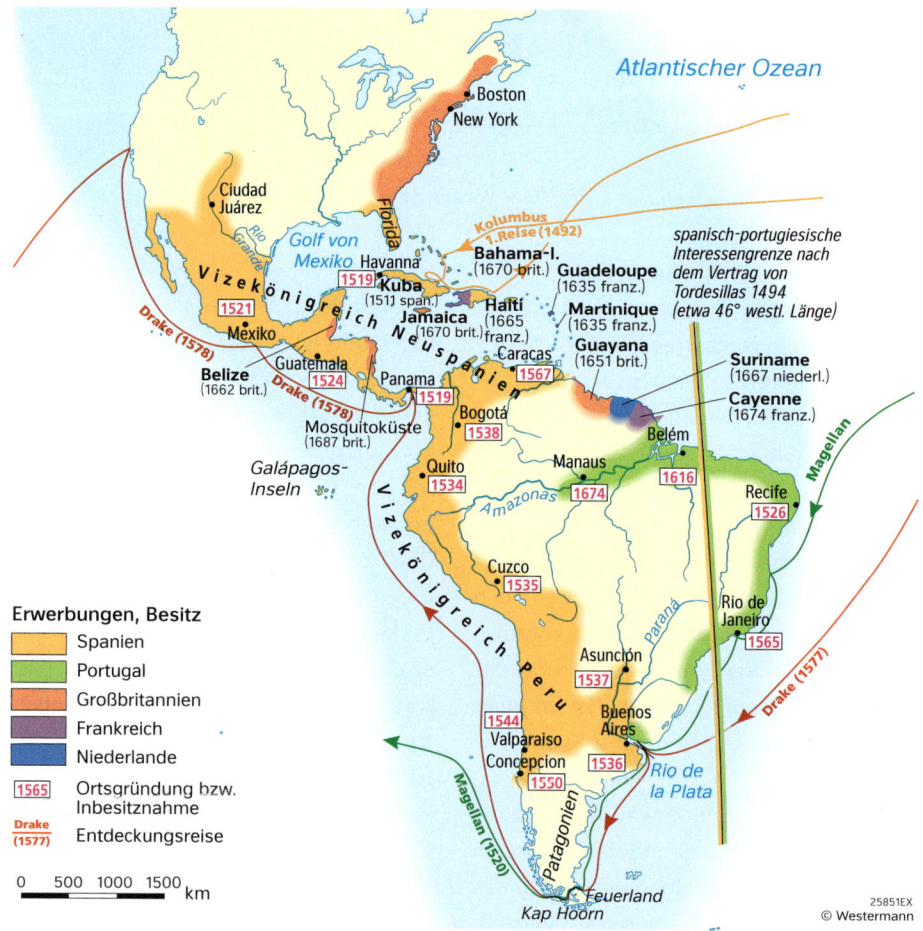

Erwerbungen, Besitz

- ■ Spanien
- ■ Portugal
- ■ Großbritannien
- ■ Frankreich
- ■ Niederlande
- 1565 Ortsgründung bzw. Inbesitznahme
- **Drake (1577)** Entdeckungsreise

0   500 1000 1500 km

M4 *Aufteilung und Eroberung der „Neuen Welt"*

① Vergleiche die Besiedlung Anglo- und Lateinamerikas.

② Stelle eine Entdeckungsreise während der Kolonialzeit in einer Präsentation vor.

100800-210
schueler.diercke.de

Kulturelle Einflüsse

Mit Beginn des 19. Jahrhunderts setzten in vielen Regionen Befreiungskämpfe ein. Es bildeten sich unabhängige, bis heute existierende Nationalstaaten. Die in der Kolonialzeit entstandenen großen sozialen, wirtschaftlichen und räumlichen Gegensätze bestehen jedoch heute noch. Viele Indios führen ein ärmliches Leben in den Anden, in ländlichen Gebieten und in den Slums der Städte.

Nur wenige von ihnen haben ihre traditionelle Lebensweise bewahrt. Sie leben vorwiegend in den schwer zugänglichen Gebieten des Amazonastieflandes.

Zu den gemeinsamen kulturellen Merkmalen Lateinamerikas gehören aufgrund der geographisch-historischen Entwicklung das Vorherrschen der spanischen und portugiesischen Sprache, die Dominanz des Christentums, die heute noch erkennbaren europäischen Einflüsse auf die Architektur und die starke ethnische Durchmischung der Bevölkerung.

M6 *Spanische Architektur in Lima*

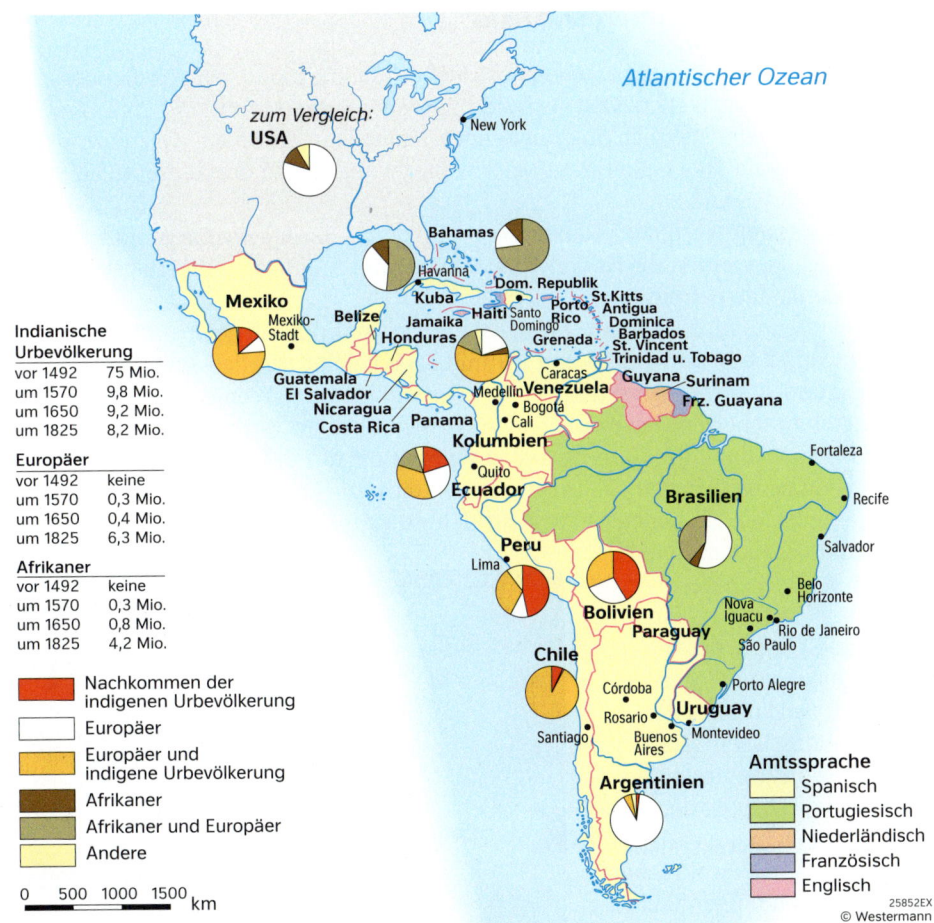

M5 *Anteile einzelner Bevölkerungsgruppen an der Bevölkerung Lateinamerikas*

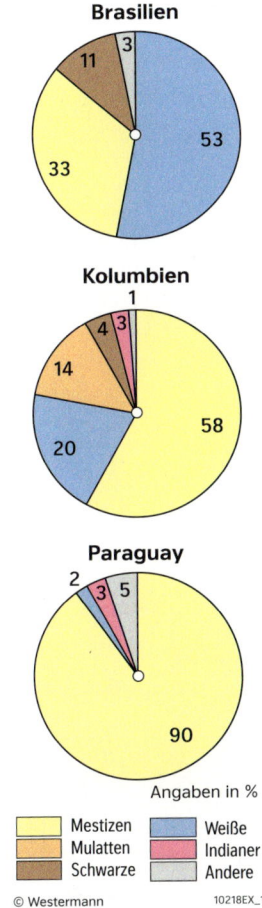

M7 *Bevölkerungszusammensetzung*

---

③ Erläutere die Verbreitung der vorherrschenden Sprachen und Ethnien in Lateinamerika.

④ Vergleiche die Bevölkerungszusammensetzung von Ländern. Begründe (M7).

M1 *Naturräumliche Gliederung Nordamerikas*

Doppelkontinent – Reliefgestaltung

Die Oberfläche des Doppelkontinents ist einfach und klar gestaltet. Im Westen verlaufen von Alaska bis zur Südspitze Südamerikas die Kordilleren (spanisch: Ketten). Sie gehören zum weltweit auftretenden Hochgebirgsgürtel. Den Osten dagegen nehmen Mittelgebirge und Bergländer ein, während sich vor allem in der Mitte riesige Tiefländer erstrecken. In dieser großräumigen Reliefgestaltung spiegelt sich in starkem Maße der geologische Aufbau Amerikas wider. Auch das Gewässernetz hat sich in seiner Anlage den Großformen des Reliefs angepasst. Wasser und Eis haben das Relief mitgeformt.

Die Großlandschaften Nordamerikas

Das 1000 bis 1500 km breite Gebirgsmassiv besteht aus mehreren parallel verlaufenden Hochgebirgsketten. Den Ostrand bilden die Rocky Mountains. Sie begrenzen die sich weiter westlich anschließenden Plateaus und Becken, welche zum Teil mehrere tausend Meter über dem Meeresspiegel liegen und durchschnittlich 800 bis 900 km breit sind.

Die bekanntesten westlichen Randgebirgsketten, das Kaskadengebirge und die Sierra Nevada, werden durch den Grabenbruch des Kalifornischen Längstales von den Küstenketten getrennt.

Die Rocky Mountains und die Sierra Nevada weisen in ihrem geologischen Bau Gesteine auf, die in der Erdalt- und Erdmittelzeit gefaltet worden sind. Ihre heutige Höhe und Anordnung verdanken sie aber viel jüngeren, von der eigentlichen Faltung unabhängigen, gebirgsbildenden Bewegungen. Im Tertiär erfolgte die langsame Heraushebung der Gebirge. Dabei wurden die dazwischen liegenden Gebiete in die Hebung einbezogen. Sie zerbrachen in einzelne Schollen, die gekippt oder gehoben wurden. Sie bilden heute ausgedehnte Plateaus (z.B. das Colorado Plateau) und Beckenlandschaften.

Das Große Becken ist das größte abflusslose Gebiet Nordamerikas. Das Wasser der meisten Flüsse aus den umliegenden Gebirgen verdunstet oder strömt abflusslosen Salzseen zu. Der bekannteste und größte von ihnen ist der Große Salzsee. Noch heute dauern die Bewegungen der Erdkruste an. Davon zeugen tätige Vulkane, Erdbeben und Geysire.

www.scinexx.de/
wissen-aktuell-
17125-2014-01-24.
html

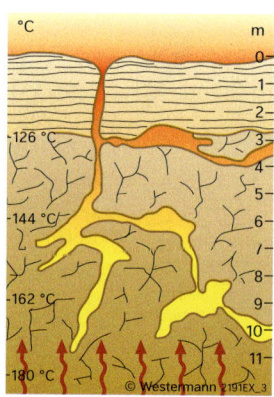

M2 *Schnitt durch einen Geysir*

Geysir im Yellowstone Nationalpark

M3 *Die Kordilleren Nordamerikas*

1 Beschreibe die naturräumliche Gliederung Nordamerikas. Vergleiche mit Europa.

2 Die Kordilleren gehören einer aktiven Erdbebenzone an. Begründe.

100800-206-01
schueler.diercke.de

Das durchschnittlich 300 bis 600 m hohe Hügel-
land des Kanadischen Schildes ist der älteste Teil
Nordamerikas. Seit der Erdaltzeit unterliegt dieses
Gebiet einer ständigen Hebung und Abtragung.
Deshalb reichen die Gesteine der Erdaltzeit oft bis
an die Erdoberfläche. Ähnlich wie in Europa war
im Pleistozän der Norden Nordamerikas von In-
landeis bedeckt. Mit 12 Mio. km² war es die größte
Vereisungsfläche der Erde. Nach dem Abtauen des
Eises füllten sich die ausgeschürften Rinnen und
Wannen mit Wasser. Die Großen Seen, die ausgedehnteste zusammenhängende Süßwasserfläche
der Erde, sind dafür ein Beispiel.

M4 *Der Kanadische Schild*

Zwischen Appalachen und den Rocky Mountains
erstrecken sich tischebene Landschaften, die Inneren Ebenen (Plains). In Richtung Westen steigen
sie bis auf 1 500 m zu den Rocky Mountains hin
an. Der nördliche Teil der Inneren Ebenen gehört
zum eiszeitlichen Ablagerungsgebiet. Südlich der
Großen Seen, im Gebiet zwischen Ohio und Mississippi, sind alle Teile der glazialen Serie zu finden.
Während des Pleistozäns wurde feiner Staub aus
den vegetationsfreien Gebieten ausgeweht und weiter westlich und südlich wieder abgelagert. Daher
sind die Great Plains mit Fluglöss bedeckt. Später
entstand darauf Schwarzerde.

M5 *Die Inneren Ebenen*

Die bis zu rund 2 000 m hohen Appalachen erstrecken sich über 3 400 km im Osten des Kontinents.
Das Mittelgebirge besteht aus parallel verlaufenden
Gebirgsketten und zählt zu den geologisch älteren
Gebirgen. Entstanden sind die Appalachen vor ca.
300 Millionen Jahren im Paläozoikum. Im weiteren
Verlauf der Erdgeschichte erfolgte ihre Abtragung.
Während der Entstehung der jungen Faltengebirge
wie der Kordilleren wurden sie im Tertiär erneut
angehoben. An die Appalachen schließen sich entlang der Atlantikküste und des Golfs von Mexiko
die Küstenebenen an.

M6 *Die Appalachen und Küstenebenen*

3 Erläutere das Wirken des Inlandei-
ses im Pleistozän in Nordamerika.
Vergleiche mit Europa.

4 Untersuche eine Großlandschaft
hinsichtlich Ausdehnung, Entstehung, Oberflächenformen, Nutzung.

Aconcagua	6 960 m
Ojos del Salado*	6 880 m
Huascaran	6 768 m
Sajama*	6 542 m
Chimborazo*	6 310 m
Cotopaxi*	5 897 m

M1 *Die höchsten Land-höhen Südamerikas (Aus-wahl, *Vulkane)*

M3 *Großlandschaften Südamerikas*

Südamerikas Großlandschaften

Mittel- und Südamerika weisen hinsichtlich ihres geologischen Baus Gemeinsamkeiten auf. Parallel zur Westküste verlaufen die Kordilleren, hier Anden genannt. Ihrer Entstehung nach gehören sie zu den jungen Faltengebirgen. Mittelamerika geht nach Osten in das Senkungsgebiet des Golfs von Mexiko und des Karibischen Meeres über, aus dem die Großen und Kleinen Antillen als Inselbögen herausragen.

Östlich der Anden erstrecken sich in Südamerika großräumig, geologisch junge Beckenlandschaften.

M2 *Die Anden– ein Faltengebirge*

Steil und somit schwer zugänglich erheben sich im Westen Südamerikas aus einem schmalen Küstentiefland die Anden. Ähnlich wie die nordamerikanischen Kordilleren bestehen sie aus mehreren Gebirgsketten, die abflusslose Hochbecken einschließen. Zahlreiche gletscherbedeckte Vulkane überragen die Ketten. Sie sind das Ergebnis von Plattenbewegungen. Die meisten der in den Anden entspringenden Flüsse fließen dem Atlantik zu. Sie haben tiefe Quer- und Längstäler in das Gebirge eingeschnitten. Zum Pazifik entwässern nur wenige kurze Flüsse.

www.schattenblick.
de/Lateinameri-
ka113.html

M4 *Die Entstehung der Anden (Blockbild)*

① Fertige eine Profilskizze entlang der in M3 eingetragenen Profillinie an.

② Erläutere die Großlandschaften hinsichtlich ihrer Formen und Entstehung.

100800-206-01, 230-01
schueler.diercke.de

Ostwärts der Anden dehnen sich die Tiefländer des Orinoco und Amazonas sowie das La-Plata-Tiefland aus. Durch kaum merkliche Bodenschwellen voneinander getrennt, bilden sie ein nahezu geschlossenes Gebiet. Die relativ ebenen und flachen Tieflandgebiete erreichen Höhen zwischen 200 und 400 m. Bedeckt sind sie überwiegend von Abtragungsmaterialien der Anden bzw. der sie umgebenden Bergländer, angeschwemmt durch die Ströme, die sie durchfließen. Das Gewässernetz hat sich in seiner Anlage dem Relief angepasst. Es entstanden gewaltige Stromsysteme des Amazonas, Orinoco und Parana, die zu den bedeutendsten der Erde gehören (vgl. S. 18/19).

M5 *Die Tiefländer – ausgedehnte Beckenlandschaften*

Die bedeutendsten Mittelgebirge Südamerikas, das Bergland von Guayana und das Bergland von Brasilien, werden durch das Amazonastiefland voneinander getrennt. Sie erreichen mit knapp 3 000 m größere Höhen als die Appalachen. Die Gesteine der Bergländer zählen zu den ältesten der Erde und sind reich an Erzen. Das Brasilianische Bergland nimmt eine Fläche von 5 Mio. km² ein und ist somit halb so groß wie Europa. Ein beeindruckendes Naturschauspiel kann im Südosten des Berglandes bewundert werden. Der Iguaçu („Großes Wasser") stürzt auf einer Breite von 2 700 m in 20 größeren und 255 kleineren Wasserfällen bis zu 80 m in die Tiefe.

M6 *Die Bergländer – Mittelgebirgsländer*

Die Pampas nehmen eine Fläche von rund 500 000 km² ein und liegen im Grenzbereich zwischen humidem und aridem Klima. Während der Ostteil ausreichend Regen empfängt, nehmen nach Westen die Niederschläge ständig ab. In gleicher Richtung werden auch der Boden und die Vegetation karger. Auf die Schwarzerdeböden des Ostens folgen in westlicher Richtung Sandflächen mit Strauch- und Trockensteppe. Die ursprüngliche baumlose Steppe wurde weitgehend kultiviert. Jahrzehntelang war die extensive Rinderweidewirtschaft vorherrschend. Seit den 1970er-Jahren hat jedoch die industrielle Produktion von Soja Gauchos und Rinder weitgehend in den Pampas ersetzt.

M7 *Die Pampas – weite Ebenen, ursprünglich mit Gras bedeckt*

3 Die Pampas sind eine subtropische Grassteppe. Beschreibe die weltweite Verbreitung der außertropischen Steppen und erläutere ihre Nutzung. (Atlas)

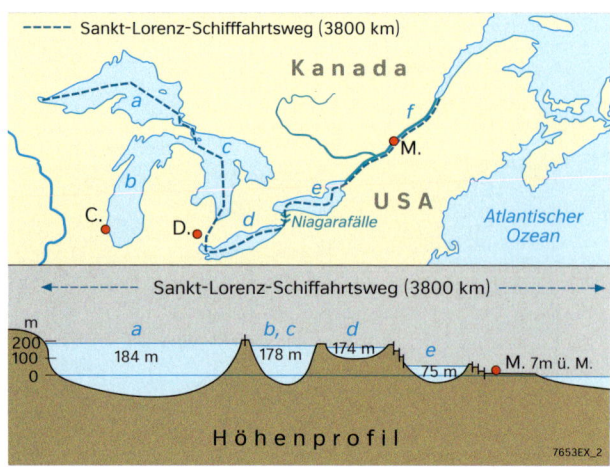

M1 *Die Großen Seen*

M3 *Die Niagarafälle*

Gewässernetz Amerikas

Amerika weist einen großen Reichtum an Flüssen und auch Seen auf. Sein Gewässernetz ist eng mit dem Geofaktor Relief verbunden. So sind die Tiefländer von gewaltigen Stromsystemen durchzogen. Während ihre Einzugsgebiete in Nordamerika von den Kordilleren bis zu den Appalachen reichen, erstrecken sie sich in Südamerika zwischen den Anden und den großen Bergländern.

Das Gebiet des Kanadischen Schildes ist besonders reich an Seen und Flüssen, die nach Norden hin entwässern. Die Großen Seen bilden die ausgedehnteste Süß-wasserfläche der Erde. Da ihr Wasser-spiegel unterschiedlich hoch ist, sind sie durch Kanäle und Schleusen verbunden. In den Niagarafällen (indianisch für donnerndes Wasser) stürzen Wassermassen 50 m tief – ihre Gichtwolke ist weithin zu sehen.

ⓘ Info

Längste Flüsse

Amazonas	6 992 km
Mackenzie	4 260 km
Missouri	4 130 km
Parana	3 998 km
Mississippi	3 778 km

Größte Seen

Oberer See	82 414 km²
Michigansee	58 016 km²
Huronsee	59 596 km²
Gr. Bärensee	31 328 km²
Gr. Sklavensee	28 568 km²
Eriesee	25 719 km²
Winnipegsee	24 387 km²
Ontariosee	19 477 km²
Titicacasee	8 372 km²
Nicaraguasee	8 264 km²

M2 *Der Mississippi*

Der Mississippi (indianisch für Vater der Ströme) hat mit seinen Nebenflüssen Missouri und Ohio ein Einzugsgebiet von 3,3 Mio. km² und entwässert die Inneren Ebenen. Das in den Oberläufen abgetragene Gesteinsmaterial wird in seinem Unterlauf abgelagert. Schlammige Wassermassen fließen dort über eine vom Fluss geschaffene Aufschüttungsebene. Zum Schutz vor Überflutungen ist der Mississippi von Deichen und Dämmen gesäumt. Sein verzweigtes Delta wächst durch das abgelagerte Material jährlich um 100 m in den Golf von Mexiko hinein.

---

❶ a) Vergleiche die Länge der Flüsse und die Größe der Seen (Atlas).
b) Benenne die Seen a bis e in M1.

❷ Weise das Zusammenwirken der Geofaktoren Relief und Wasser an einem Beispiel nach.

- Hauptquellflüsse: Maranon, Ucayali
- mehr als 200 größere Nebenflüsse, darunter Rio Negro, Rio Madeira
- Name von Peru bis Manaus: Solimoes
- Breite: teilweise mehrere Kilometer
- Tiefe: 30 – 40 m
- mittlere Wasserführung an der Mündung: ca. 200 000 m^2/s (vgl. Elbe 870 m^2/s, Rhein 2 300 m^2/s)
- 250 – 300 km breite Trichtermündung
- Schiffbarkeit: insgesamt 50 000 km; bis Manaus Hochseeschiffe, bis Iquitos/Peru kleinere Passagier- und Transportschiffe

M4 *Der Amazonas*

Der Amazonas – ein Stromsystem

Der Amazonas (indianisch für Wasserwolkenlärm) ist das wasserreichste Stromsystem der Erde. Sein Einzugsgebiet umfasst ca. 7 Mio. km². Nach einem kurzen Oberlauf in den Anden mit starkem Gefälle und vielen Stromschnellen durchfließt er auf einer Strecke von ca. 5 000 km das Amazonastiefland. Aufgrund eines geringen Gefälles bahnt sich der Fluss in Windungen seinen Weg durch den tropischen Regenwald.

Seine lehmfarbenen Wassermassen ergießen sich in einer Trichtermündung in den Atlantischen Ozean. Aufgrund der Wirkung der Gezeiten bilden die mitgetragenen Materialien keine Deltamündung aus: Bei Ebbe drängen die Amazonasfluten das Meerwasser bis 200 km von der Küste ab. Bei Flut drängt das Ozeanwasser bis 850 km stromaufwärts vor. Gefürchtet sind „Pororocas", 4 bis 5 m hohe Springfluten.

www.usatipps.de/reiseziele/sehenswertes/mississippi-river

www.planet-wissen.de/kultur/suedamerika/amazonien/index.html

Der Titicacasee ist der höchst gelegene See der Erde (3 820 m über NN). Er speist sich aus 25 Flüssen und erreicht eine Tiefe von bis zu 272 m. Eingebettet in die Altiplano-Hochebene der Anden dient der See mit einer Wassertemperatur von 10 bis 13 °C als Wärmespender. Dadurch gedeihen hier Mais, Quinoa, Gerste; die Region gilt als Ursprungsgebiet des Kartoffelanbaus. Mit seinen über 40 Inseln ist der Titicacasee Lebensraum einzigartiger Tiere und Pflanzen wie auch einiger indigener Völker. Auf schwimmenden Binseninseln wohnen die Nachfahren der Uros („Seemenschen").

M5 *Der Titicacasee*

3 Vergleiche die Mündungen amerikanischer Flüsse. Gehe dabei auch auf ihre Entstehung ein.

4 Begründe, weshalb der Amazonas als der „Riese unter den Strömen" bezeichnet wird.

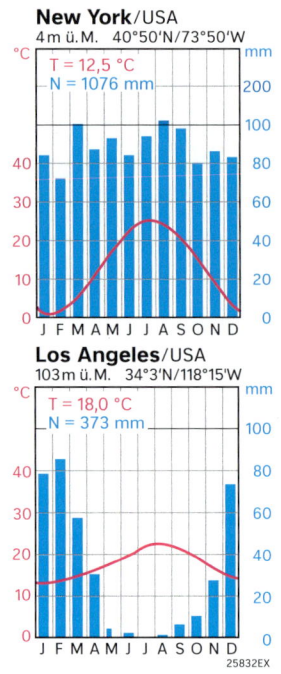

New York/USA
4 m ü.M. 40°50'N/73°50'W
T = 12,5 °C
N = 1076 mm

Los Angeles/USA
103 m ü.M. 34°3'N/118°15'W
T = 18,0 °C
N = 373 mm

25832EX

M1 *Klimadiagramme*

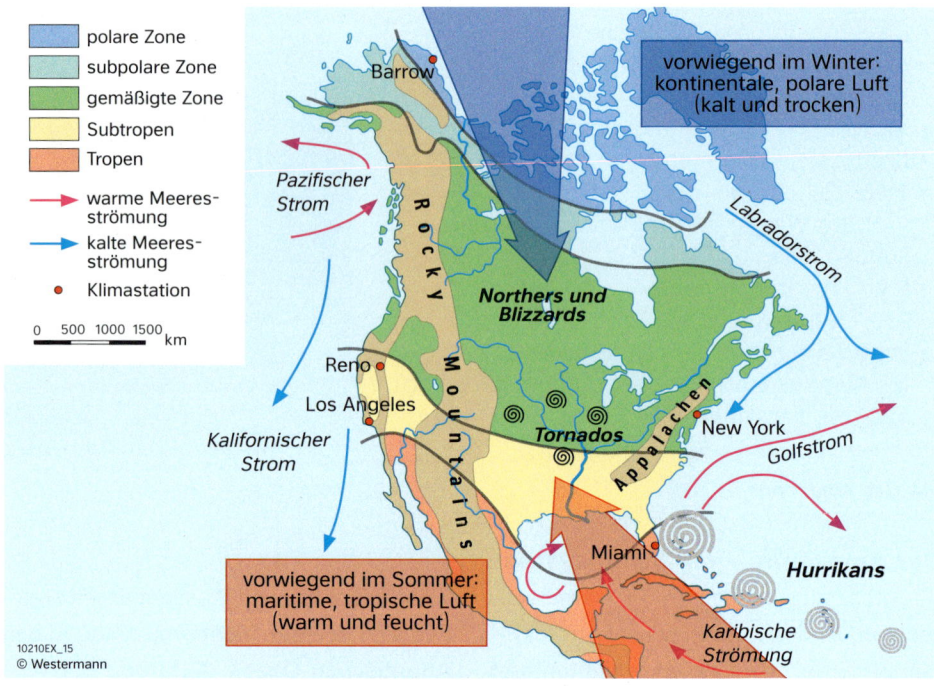

polare Zone
subpolare Zone
gemäßigte Zone
Subtropen
Tropen
→ warme Meeresströmung
→ kalte Meeresströmung
• Klimastation

0 500 1000 1500 km

Barrow

vorwiegend im Winter:
kontinentale, polare Luft
(kalt und trocken)

Pazifischer Strom

Labradorstrom

R o c k y

Northers und Blizzards

Reno

Los Angeles

Kalifornischer Strom

M o u n t a i n s

Tornados

A p p a l a c h e n

New York

Golfstrom

vorwiegend im Sommer:
maritime, tropische Luft
(warm und feucht)

Miami

Hurrikans

Karibische Strömung

10210EX_15
© Westermann

M3 *Wetter- und klimabedingte Luftmassen in Nordamerika*

M2 *Mammutbäume*

Klima und Vegetation Nordamerikas

Ein Blick auf die Abfolge der Klimazonen in Nordamerika zeigt ein ähnliches Bild wie in Europa. Allerdings weist die gemäßigte Klimazone eine größere Kontinentalität auf. Minus 20 °C sind im Winter in Chicago nicht selten, in Sachsen-Anhalt dagegen eine Ausnahme. Weiterhin fehlen in Europa ausgesprochene Trockenräume wie in den USA zwischen der Pazifikküste und dem östlichen Vorland der Rocky Mountains.

Ursache für diese Besonderheiten ist die Reliefgestaltung. Durch die in Nord-Süd-Richtung verlaufenden Gebirgsketten wird die vom Westen kommende feuchte Meeresluft daran gehindert, in das Innere des Kontinents vorzudringen. Da Quergebirge wie in Europa (z.B. die Alpen) fehlen, kann feuchtwarme Luft weit nach Norden, arktische Kaltluft aber auch tief in den Sü

den vordringen. Das Aufeinandertreffen solcher gegensätzlicher Luftmassen kann außergewöhnliche Wettererscheinungen zur Folge haben (vgl. S. 21).

Die Merkmale des Klimas bestimmen im Wesentlichen die Verbreitung der Vegetation. Im Norden erstrecken sich die polare Kältewüste, die Tundra und die Nadelwaldzone. Im Osten, in der gemäßigten Klimazone, wachsen Laub- und Mischwälder. In Florida sind subtropische Feuchtwälder zu finden, an der Küste wachsen Mangroven, die sich den Standortbedingungen des Salzwassers angepasst haben. Westlich des Mississippi tritt als natürliche Vegetation das Grasland der Prärie an die Stelle des Waldes. Heute wird das ursprüngliche Grasland überwiegend landwirtschaftlich genutzt.

❶ Vergleiche die Ausprägung der Klima- und Vegetationszonen Nordamerikas mit der Europas (Atlas).

❷ Werte die Klimadiagramme (M1) aus und ordne sie einer Klimazone zu.

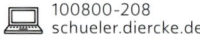

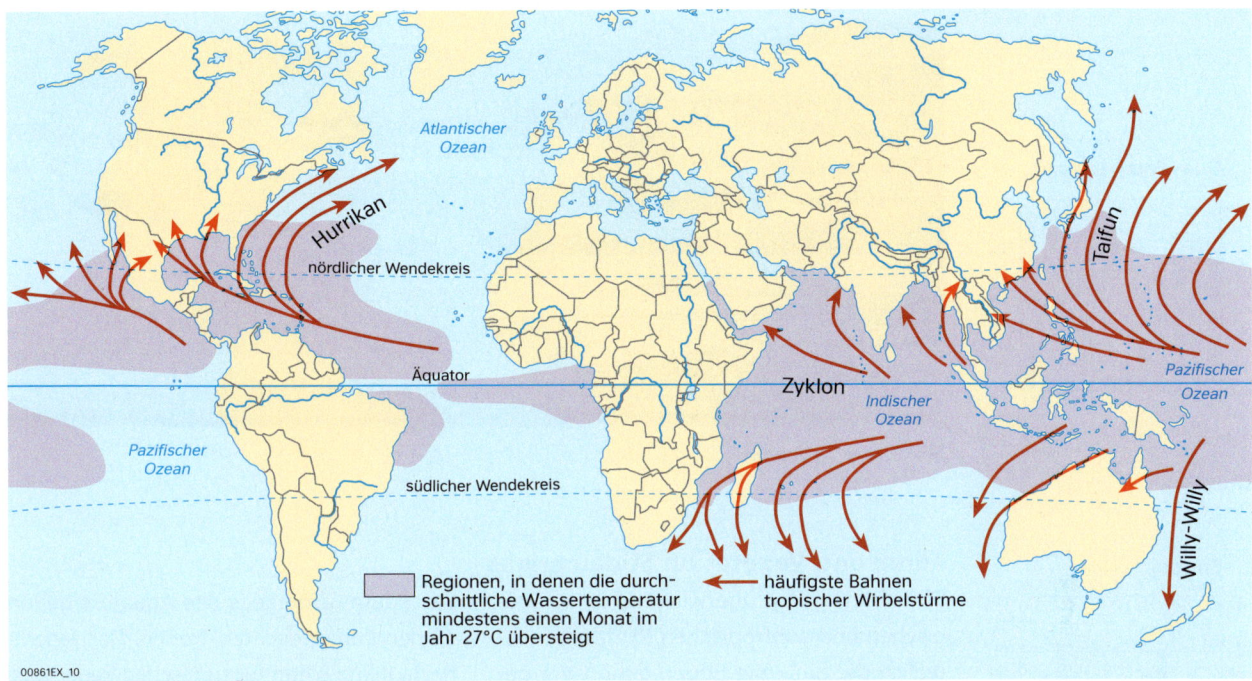

M4 *Wirbelstürme weltweit (regional unterschiedliche Bezeichnungen)*

Extreme Wettererscheinungen

Northers sind großräumige Kaltlufteinbrüche im Winter und im Frühjahr in Nordamerika. Wenn die Kaltluft bis in die subtropischen Gebiete der USA vordringt, richten die Fröste auf den Plantagen der Südstaaten große Schäden an. Blizzards sind Eis- und Schneestürme, die als Folge plötzlicher Kaltlufteinbrüche vom Norden her in der gemäßigten Klimazone Nordamerikas auftreten.

Tornados sind festländische Wirbelstürme (riesige Windhosen) von kurzer Lebensdauer. Es sind rotierende „Schläuche", gewaltige „Saugrüssel", in deren Windfeld extreme Windstärken auftreten. Tornados entstehen dort, wo heiße auf kalte Luftmassen treffen. Auf ihrem Weg hinterlassen sie eine Bahn der Verwüstung.

Hurrikans sind tropische Wirbelstürme mit extremen Windstärken. Sie erreichen Geschwindigkeiten von 300 km/h. Oft entstehen sie vor der Küste von Westafrika aus Tiefdruckgebieten, die über dem Atlantik und der Karibik feuchtwarme Luft ansaugen. Die langlebigen und großflächig aktiven Hurrikans ziehen vom Meer meist über die Antillen in den Raum von Südmexiko und der USA. Nach dem Sturm folgen meist ergiebige Regenfälle, die Überschwemmungen nach sich ziehen.

M5 *Durchzug eines Tornados*

M6 *Zugbahn eines Hurrikans*

❸ Erkläre, warum es in der gemäßigten Zone Nordamerikas zu extremen Wettererscheinungen kommt.

❹ Informiere dich über Entstehung und Auswirkungen eines Hurrikans (Internet, Atlas).

Guayaquil / Ecuador
9 m ü. M.   2°11'S/79°53'W

T = 26,4 °C
N = 1052 mm

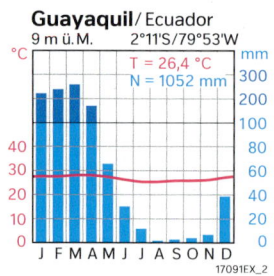

17091EX_2

M3 *In der Atacama*

Bogotá / Kolumbien
2548 m ü. M.   4°42'N/74°8'W

T = 13,3 °C
N = 804 mm

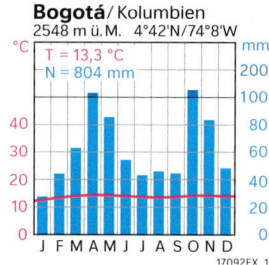

17092EX_1

M1 *Klimadiagramme*

Klima und Vegetation Südamerikas

Südamerika liegt überwiegend in der tropischen und subtropischen Klimazone. Lediglich der äußerste Süden gehört der gemäßigten Klimazone an.

Besonders an der Ostseite des Kontinents wird das Klima stark durch die Nordost- bzw. Südostpassate beeinflusst. Sie bringen den Küsten reichlich Niederschläge.

Das in Nordafrika um den nördlichen Wendekreis vorherrschende trockene Passatklima fehlt auf dem amerikanischen Kontinent.

Der Raum beiderseits des Äquators gehört zu den immerfeuchten Tropen. Das feuchtheiße Klima bietet für tropischen Regenwald optimale Bedingungen. Im Amazonasbecken breitet sich das größte zusammenhängende Regenwaldgebiet aus.

In Gebieten mit geringeren Niederschlägen geht der Regenwald in die Savannen über. An der Westküste Südamerikas breitet sich im Norden Chiles die Atacama aus, eine der trockensten Wüsten der Erde.

El Ninõ

In unregelmäßigen Zeitabständen kommt es um die Weihnachtszeit zwischen der Westküste Südamerikas und Australien/Südostasien zu einem außergewöhnlichen Naturereignis. Peruanische Fischer gaben ihm den Namen El Ninõ (span. für das Kind bzw. das Christkind). Bei normaler Wetterlage wird das warme oberflächennahe Meerwasser vom Südostpassat von Südamerika westwärts getrieben. In einem El Ninõ-Jahr kehrt sich dieser Kreislauf um. Die Folgen sind schwere Regenfälle und Überschwemmungen und das Ausbleiben der Fischschwärme vor der Westküste Südamerikas. In Australien, Südasien und Südafrika kommt es zu Hitze, Trockenheit und Missernten.

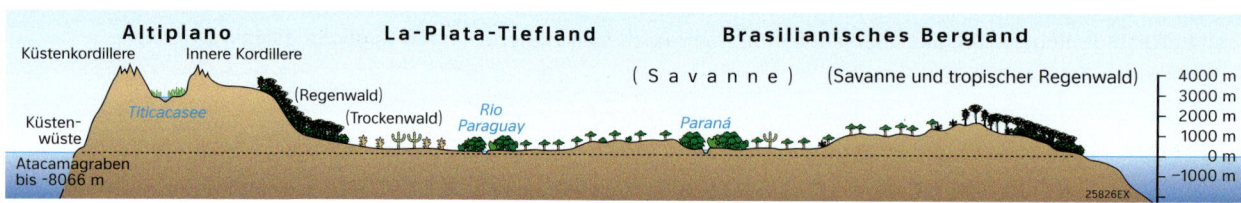

M2 *Höhen- und Vegetationsprofil durch Südamerika von West nach Ost*

100800-205-02, 234
schueler.diercke.de

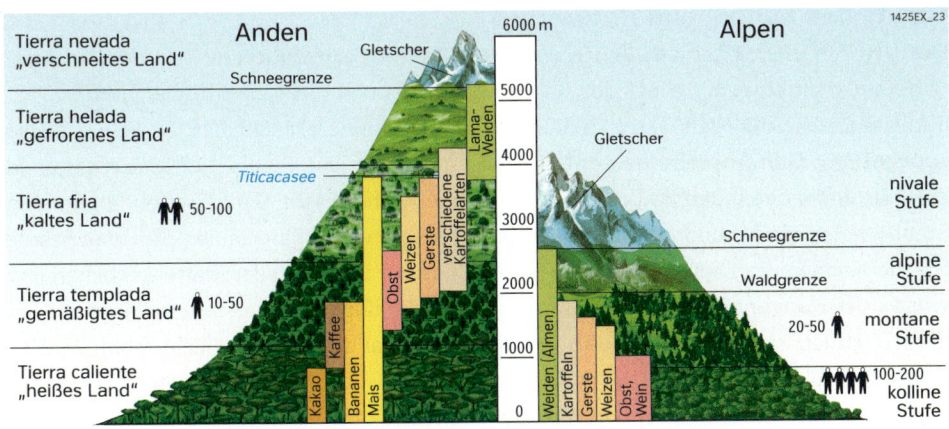

M4 *Höhenstufen von Klima und Vegetation in den tropischen Anden und in den Alpen*

Höhenstufen in den Anden

„Erleben Sie alle Klimazonen der Erde an einem Tag!" Und tatsächlich, fährt man mit einem Geländewagen über einen der steilen Andenpässe ins Hochland, dann verändern sich die Temperaturen und die Vegetation ähnlich wie auf einer Reise vom Äquator zu den Polen. Ist es auf Meereshöhe noch fast 30 Grad heiß, so liegt auf 6 000 Metern schon ewiges Eis.

Die Vegetation passt sich diesen Bedingungen an. Mit zunehmender Höhe ist das Pflanzenwachstum nicht mehr so üppig wie auf Meereshöhe. Die Zahl der Pflanzenarten geht zurück. In einem tropischen Gebirge von 2500 bis 3000 Metern Höhe herrschen ähnliche Temperaturen wie bei uns in Mitteleuropa im Frühling. Es gibt dort Dörfer und große Städte.

Die Bauern pflanzen Weizen, Gerste und Kartoffeln an. Dies geschieht in einer Höhe, wo in den Alpen längst nichts mehr wächst und schon Gletscherski gefahren wird.

M5 *Im Hochland der Anden oberhalb der Waldgrenze*

M6 *Bauernfamilie in den Anden mit ihren Anbauprodukten*

① Vergleiche die Ausprägung der Klima- und Vegetationszonen mit der Afrikas (Atlas).

② Informiere dich über Entstehung und Auswirkungen des El Niño.

③ Beschreibe die Höhenstufen von Klima und Vegetation in den Anden. Erläutere die Zusammenhänge zwischen Höhenlage, Klima, Vegetation und landwirtschaftlicher Nutzung. Vergleiche mit den Alpen.

M1 *Welterbeliste 2017*
1073 Welterbestätten aus 167 Staaten:
- *832 Kulturgüter*
- *206 Naturgüter*
- *35 beide Kategorien davon: 37 transnational, 30 auf der „Liste des gefährdeten Welterbes"*
- *in Deutschland: 39 Kultur- und 3 Naturerbestätten*
- *jährlich ca. 30 Neuaufnahmen*

Schutz des Kultur- und Naturerbes

Die UNESCO verabschiedete 1972 das „Übereinkommen zum Schutz des Kultur- und Naturerbes der Welt" (kurz Welterbekonvention). Den Anstoß dazu gab 1960 der Aufruf, die durch den Bau des Assuan-Staudammes am Nil bedrohten Denkmale für die Nachwelt zu retten. Unterdessen wurde die Konvention von 193 Staaten unterzeichnet. Im Jahr 2017 erklärten die USA ihren Austritt aus der UNESCO. Der Status der USA als Unterzeichnerstaat der Welterbekonvention ist von diesem Austritt jedoch nicht unmittelbar berührt.

Ein Komitee entscheidet jährlich über die Aufnahme von Kultur- und Naturstätten in die Welterbeliste. Die betreffenden Staaten müssen einen Managementplan zum Schutz und zur Erhaltung der Stätte erarbeiten und regelmäßig Bericht erstatten. Entspricht ein Denkmal den Kriterien nicht mehr, wird es auf die „Liste des gefährdeten Welterbes" gesetzt oder der Titel aberkannt.

www.unesco.de

www.weltkultur-erbe-online.info

Das Komitee betrachtet ein Gut als von außergewöhnlichem, universellem Wert, wenn es einem oder mehreren der folgenden Kriterien entspricht:
- Meisterwerk der menschlichen Schöpferkraft
- menschliche Werte in Bezug auf Architektur, Technik, Großplastik, Städtebau oder Landschaftsgestaltung
- Zeugnis einer kulturellen Tradition oder untergegangenen Kultur
- Gebäude, Ensembles oder Landschaften, die Abschnitte der Menschheitsgeschichte versinnbildlichen
- überlieferte Siedlungsformen und Boden- oder Meeresnutzungen, insbesondere, wenn diese vom Untergang bedroht sind
- Güter, die eng verknüpft sind mit Ereignissen, Lebensformen, Ideen, Glaubensbekenntnissen oder künstlerischen Werken
- Naturerscheinungen oder Gebiete von außergewöhnlicher Naturschönheit
- Beispiele aus Abschnitten der Erdgeschichte, wesentlicher geologischer Prozesse oder geomorphologischer Merkmale
- Beispiele für ökologische und biologische Prozesse in Ökosystemen
- für die Erhaltung der biologischen Vielfalt bedeutende Lebensräume, insbesondere, wenn diese bedroht oder von wissenschaftlichem Interesse sind

M3 *Kriterien zur Aufnahme in die Welterbeliste*

M2 *Canadian Rocky Mountains Parks: Das Schutzgebiet mit seinen Berggipfeln, Gletschern, Seen, Wasserfällen, Canyons und Kalksteinhöhlen wurde 1984 in die Welterbeliste aufgenommen und 1990 erweitert.*

M4 *Galapagos-Inseln: Die einmalige Flora und Fauna gehören seit 1997 zum Weltnaturerbe. 97 Prozent der Fläche werden durch den Nationalpark geschützt. Auf Santa Cruz befindet sich eine Forschungsstation.*

M5 *Pyramide des Schlangengottes Kukulcan/Mexiko: Chichen Itza ist eine der bedeutendsten Ruinenstädte der Maya-Kultur und gehört seit 1988 zum UNESCO-Weltkulturerbe. Sie zählt jährlich mehr als 1 Mio. Besucher.*

- Dinosaurier-Provinzpark (Kanada)
- US-Nationalparks Grand Canyon, Redwood, Everglades, Hawaii
- Maya-Städte Uxmal, Palenque, Tikal
- Vinales-Tal (Kuba)
- Kaffee-Kulturlandschaft (Kolumbien)
- Wasserfälle Iguacu
- Osterinseln
- Inka-Straßennetz
- Machu Picchu
- Altstädte von Quito, Ouro Preto, Quebec
- Silberminenstadt Potosi (Bolivien)

M7 *Welterbestätten Amerikas (Auswahl)*

M6 *Hauptstadt Brasilia, „Stadt vom Reißbrett", „Stadt der Moderne": Sie wurde in nur vier Jahren in Form eines Flugzeuges erbaut und 1987 zur Weltkulturerbestätte ernannt.*

M8 *Freiheitsstatue in New York: Sie symbolisiert „Hoffnung", „Freiheit" und „Zukunft" und wurde 1984 in die Welterbeliste aufgenommen.*

---

1 Erörtere die Bedeutung der Ausweisung von Natur- und Kulturerbestätten.

2 Analysiere eine selbst gewählte Natur- oder Kulturerbestätte unter Beachtung der Auswahlkriterien.

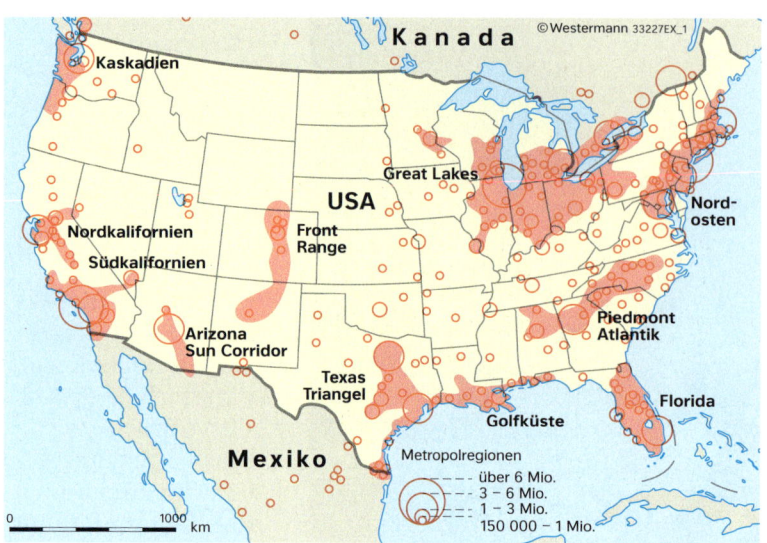

M1 *Verstädterung in Angloamerika*

M4 *Houston, Texas*

New York	21,45
Los Angeles	15,50
Chicago	9,14
Boston	7,27
Toronto	6,53
Dallas	6,48
San Francisco	6,46
Houston	6,12
Miami	6,11

M2 *Die größten Stadtregionen Angloamerikas (2016, in Mio. Einw.)*

Stadtlandschaften Angloamerikas

Endlos erscheinende Stadtlandschaften sind typisch für Angloamerika. Immer mehr Städte wachsen zu Städtebändern oder städtischen Verdichtungsräumen zusammen. Man nennt sie Megalopolis. Mit fast 50 Mio. Einwohnern ist BosWash die größte Megalopolis. Sie reicht von Boston über New York bis Washington. Auch an der Westküste und rund um die Großen Seen sind Städtebänder entstanden.

Nicht nur in diesem ausufernden Wachstum, sondern in der gesamten Struktur und Entwicklung sind sich die meisten Städte in den USA und Kanada ähnlich.

Im Zentrum liegt die City, auch CBD (Central-Business-District) genannt. Schon von weitem sind hohe Bürotürme zu sehen. In ihrer unmittelbaren Nähe befinden sich nicht selten heruntergekommene Viertel oder sogar leere Flächen. Mit dem Flächenwachstum der Vororte verlagerten sich nach und nach Betriebe vom Stadtzentrum an den Stadtrand. Meist an großen Kreuzungen in verkehrsgünstiger Lage entstanden so seit den 1960er-Jahren die typischen Dienstleistungszentren. Sie sind inzwischen zu Edge Cities, Städten am Rande der Städte, angewachsen.

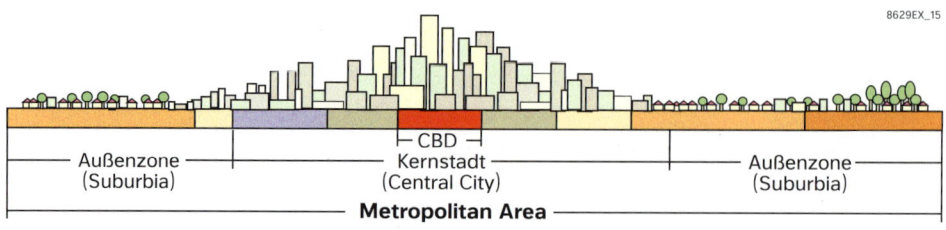

M3 *Die angloamerikanische Stadt im modellhaften Aufriss*

❶ Beschreibe und begründe die Verteilung der Städte in Angloamerika. Nutze dazu auch den Atlas.

❷ Charakterisiere das Modell der angloamerikanischen Stadt.

100800-222-01, 277-04
schueler.diercke.de

Politisches Zentrum
- Sitz wichtiger staatlicher Behörden
- Sitz internationaler Organisationen

Wirtschaftszentrum
- große Branchenvielfalt
- Sitz der Hauptverwaltung großer Konzerne
- Knotenpunkt für Handelsbeziehungen

Metropole

Verkehrs- und Versorgungszentrum
- Flughäfen mit interkontinentalen Verbindungen
- Knotenpunkt von Kommunikationsnetzwerken
- Standort zentraler Versorgungseinrichtungen (Krankenhaus, Einkaufszentren)

Kultur- und Bildungszentrum
- großes Angebot an Theatern, Museen und anderen Kultur- und Freizeiteinrichtungen
- vielfältige Bildungs- und Forschungseinrichtungen

© Westermann 25756EX_1

M5 *Merkmale einer Metropole*

M7 *Buenos Aires*

Verstädterung in Lateinamerika

Südamerika verzeichnet ein starkes Bevölkerungswachstum. Steigende Bevölkerungszahlen sind vielfach mit Armut und Wanderungen vom Land in das vermeintliche „Schlaraffenland Großstadt" verbunden. In Lateinamerika ist die **Verstädterung** weit vorangeschritten. Vier von fünf Bewohnern leben inzwischen in Städten. Mehrere Jahrzehnte lang trug die Land-Stadt-Wanderung am stärksten zum Wachstum der Städte bei. Heute ist außerdem das natürliche Wachstum der städtischen Bevölkerung dafür verantwortlich. So ist die Bevölkerung von São Paulo auf über 20 Millionen angewachsen.

In einigen Städten kommt es zur überdurchschnittlichen Konzentration von Menschen, Industriebetrieben, Verwaltungsinstitutionen sowie sozialen und kulturellen Einrichtungen. Dieser Prozess wird **Metropolisierung** genannt.

Die Metropolen bieten der Wirtschaft günstige Standortbedingungen. Den Menschen bringen sie gute Möglichkeiten, Arbeit zu finden, sich zu bilden, einzukaufen, einen Arzt aufzusuchen oder sich zu vergnügen. Weltweit haben die Megastädte zunehmend mit Arbeitslosigkeit, Armut, Slumbildung, Kriminalität, Verkehrschaos und starker Umweltverschmutzung zu kämpfen.

São Paulo	20,85
Mexico-City	20,40
Buenos Aires	15,36
Rio de Janeiro	11,90
Lima	11,15
Bogota	9,74
Santiago de Chile	6,31
Guadalajara	4,75
Belo Horizonte	4,71

M8 *Die größten Stadtregionen Lateinamerikas (2016, in Mio. Einw.)*

17140EX_1

Hüttensiedlung | erweiterte Altstadt | Altstadt (ehemalige Kolonialstadt) „plaza mayor" | erweiterte Altstadt | Hüttensiedlung

Wanderbewegung ärmerer Bevölkerung (Mieter/Untermieter)

Wanderbewegung der Mittel- und Oberschicht

M6 *Die lateinamerikanische Stadt im modellhaften Aufriss*

3 Nenne Gründe für die Land-Stadt-Wanderung.

4 Erläutere den Zusammenhang zwischen Bevölkerungswachstum, Verstädterung und Metropolisierung.

M1 *Los Angeles (L.A.)*

M4 *Suburb von L.A. Um Bauflächen zu schaffen, wurden Hügel abgetragen und in benachbarte Täler verkippt*

Los Angeles

Fläche in km²:	
• Kernstadt	1 290
• Metropole	12 500

Einwohner in Mio:	
• Kernstadt	4,0
• Metropole	15,5

Gründung:	1781
Höhenlage:	100 m

M2 *Steckbrief L.A. (2016)*

✎ www.planet-wissen.de
(→ Metropolen Los Angeles)

Los Angeles – Stadt der „tausend Vororte"

Los Angeles (L. A.) ist Teil des Städtebandes SanSan zwischen San Francisco und San Diego.

Gegründet als eine kleine Missionsstation unter mexikanischem Besitz, wurde L.A. 1850 mit 1610 Einwohnern und einer Fläche von ca. 72 km² als Kommune der USA anerkannt. Daraus entwickelte sich rasch eine Siedlung mit städtischer Lebensweise (**Urbanisierung**).

Wegen seiner Lage an einer tektonischen Plattengrenze und der damit verbundenen Erdbebengefahr durften zunächst keine Häuser mit mehr als 13 Stockwerken gebaut werden. Auch deshalb weitete sich L.A. schnell in ihr Umland aus.

Die Kernstadt entwickelte sich zu einem Management- und Finanzviertel (CBD), umgeben von einer Downtown mit Banken, Büros und Hotels. Aufgrund der zunehmenden Raumenge und Motorisierung der Bevölkerung Mitte des 20. Jahrhunderts zogen wohlhabendere Bevölkerungsschichten aus den Downtowns in die Vororte, Suburbs. Die Suburbanisierung wurde durch die typische Bebauung mit Einfamilienhäusern noch verstärkt. Mehrspurige Ausfallstraßen mit Fastfood-Restaurants und Shopping Malls verbinden die Vororte mit dem Stadtzentrum. Einer Studie zufolge war L.A. 2016 unter allen US-amerikanischen Städten Stau-Spitzenreiter: 81 Stunden pro Jahr steht jeder Einwohner im Stau (vgl. Stuttgart: 73 Stunden pro Jahr). Deshalb tüfteln Start-ups am Ausbau eines nachhaltigen öffentlichen Verkehrsnetzes, neuen Radwegen und Carsharing-Projekten.

Die verfallende Downtown wurde attraktiver gestaltet, sodass ein erneuter Zuzug der Ober- und Mittelschicht erfolgte. Zudem ist die Renaturierung des in Beton gezwängten L.A. Rivers vorgesehen.

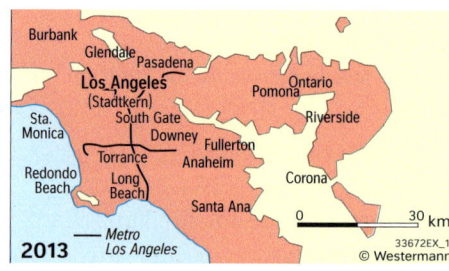

M3 *Räumliche Entwicklung der Stadtfläche von Los Angeles zwischen 1900 und 2013*

M5 *Rush Hour auf dem San Diego Freeway, Los Angeles*

M8 *Karikatur*

"We're waiting for the city to come to us..."

Einwanderungsmetropole Los Angeles

Die Einwohnerzahl von L.A. steigt beständig an, vor allem durch die Zuwanderung aus Lateinamerika und Asien. Mehr als jeder dritte Bewohner wurde nicht in den USA geboren. Hier leben Menschen aus 140 Ländern. Inzwischen stellen Hispanics/Latinos fast die Hälfte der Bevölkerung der Stadt. Bald wird das Englische als erste Sprache vom Spanischen verdrängt sein.

Häufig leben Menschen gleicher ethnischer Herkunft in enger Nachbarschaft. Typische Stadtteile sind zum Beispiel Chinatown, Koreatown und Little Italy.
Auch soziale Unterschiede führen zu einer Trennung der Bevölkerung. Während Familien mit höherem Einkommen in die Suburbs ziehen, leben die ärmeren in baufälligen Mietshäusern der Innenstadt.

ⓘ Info

Urbanisierung
Ausbreitung städtischer Lebensformen und Verhaltensweisen

Suburbanisierung
Ausdehnung einer Stadt in ihr Umland

Reurbanisierung
Wiederbelebung der Kernstadt

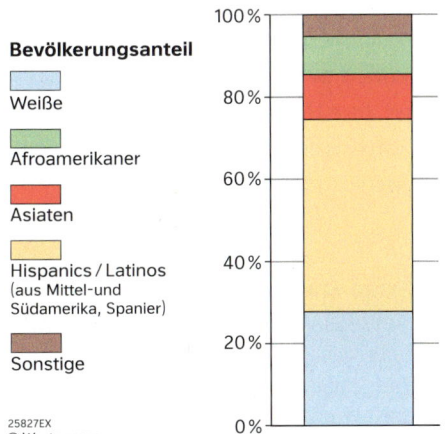

Bevölkerungsanteil
Weiße
Afroamerikaner
Asiaten
Hispanics / Latinos (aus Mittel-und Südamerika, Spanier)
Sonstige

25827EX
© Westermann

M6 *Bevölkerungszusammensetzung 2010*

M7 *Ethnisches Viertel in L.A. (Chinatown)*

❶ Analysiere die Stadtentwicklung von Los Angeles. Beziehe dabei die Begriffe Urbanisierung sowie Sub- und Reurbanisierung ein.

❷ Weise die Auswirkungen der Einwanderung auf die Bevölkerungs- und Stadtstruktur von L.A. nach.

Anteil von Mexiko-Stadt am gesamten Land

Fläche:	0,4 %
Einwohner:	17 %
Erwerbstätige:	42 %
Industrieprodukt.:	60 %
Banken und Handelsgesellschaften:	50 %
Großunternehmen:	18 %
Forschungseinrichtungen:	80 %
Energieverbrauch:	17 %
BIP:	21 %
Kraftfahrzeuge:	25 %

M1 *Steckbrief (2016)*

www.planet-wissen.de
(→ Metropolen Mexiko-Stadt)

M3 *Mexiko-Stadt*

Metropole Mexiko-Stadt

Die Hauptstadt Mexikos liegt im Tal von Mexiko auf einer Höhe von rund 2300 m. Durch die Lage an einer tektonischen Plattengrenze gehört die Region zu einer der aktivsten Erdbebenzonen der Erde. Umrahmt wird das abflusslose Becken von gewaltigen Gebirgen mit schneebedeckten Vulkanen.

An vielen Tagen verhindern warme Luftmassen und fehlende Bodenwinde eine Luftzirkulation, sodass die Stadt nahezu immer unter einer Glocke aus Smog liegt. Neben der Luftverschmutzung leiden die Bewohner Mexiko-Stadts unter Wasserknappheit. Der größte Teil des Wassers muss aus mehr als 200 km Entfernung herbeigeschafft werden.

Die Stadt gehört zu den größten Städten der Erde. Ihre Bevölkerung wächst schneller als die im Rest Mexikos. Jährlich kommen zwei Millionen Menschen aus den ländlichen Regionen dazu. Sie entfliehen schwierigen Lebensbedingungen, wie dem Mangel an eigenem Grund und Boden und fehlenden Bildungs- und Arbeitsmöglichkeiten. Ihre Hoffnung auf ein besseres Leben erfüllt sich aber auch in der Hauptstadt nur selten.

M2 *Informeller Sektor*

In Mexiko-Stadt begegnet man überall Kindern und Erwachsenen, die für etwas Geld Parkplätze bewachen, Autoscheiben säubern, Schuhe putzen oder Kunststücke aufführen. Die Fußwege sind zugestellt von Verkaufsständen; an roten Ampeln und in öffentlichen Verkehrsmitteln bieten Händler zahllose Produkte an.
Diese als informeller Wirtschaftssektor bezeichneten Tätigkeiten machen laut einer Schätzung der Weltbank nahezu ein Drittel des BIP von Mexiko aus.

M4 *Stadt mit Tradition*

Mexiko-Stadt ist die älteste Stadt Amerikas. Die Azteken gründeten hier 1325 ihre Hauptstadt Tenochtitlan. Ihre Bewohner betrieben Fischfang und intensiven Gartenbau, von dem noch heute z.B. die „Schwimmenden Gärten von Xochimilko" zeugen. Die Spanier eroberten und zerstörten 1521 die großzügig angelegte Stadt mit ihren Tempelanlagen. Auf ihren Trümmern erbauten sie die Hauptstadt ihrer Kolonie Neu-Spanien.

100800-223-05
schueler.diercke.de

Vertikale Gärten – „Via verde"

Zwar kämpft die Metropolregion seit Jahren gegen die Luftverschmutzung, die in manchen Jahren 4000 Menschen das Leben kostete. [...] Abhilfe soll jetzt zusätzlich die Begrünung von 700 Betonpfeilern bringen, die Hochstraßen und Brücken stützen: Diese vertikalen Gärten werden die Grünfläche der Stadt um 40000 Quadratmeter erweitern. Berechnungen der Bürgerinitiative zufolge, die das Projekt „Vía Verde" im vergangenen Jahr ins Leben rief, sollen die grünen Pfeiler pro Jahr 27000 Tonnen Luft filtern, dabei Feinstaub und Schwermetalle aufnehmen. [...] Die Initiative „Via Verde" reiht sich ein in eine Vielzahl von Versuchen, die Luftverschmutzung in der mexikanischen Metropole zu bekämpfen. So unterstützt die Umweltbehörde auch die Begrünung von Dächern, führte ein öffentlich gefördertes System von Leihfahrrädern ein und stattet Busse mit Rußfiltern aus. [...] Drastisch gestiegen ist außerdem die Höhe der Geldstrafe, die Autofahrer zahlen müssen, wenn sie im Straßenverkehr an einem Tag mit Fahrverbot erwischt werden. [...]. Dieselfahrzeuge sollen von 2025 an komplett aus der Stadt verbannt werden – ein radikaler Einschnitt, den Mexiko-Stadt im Dezember gemeinsam mit den ebenfalls vom Smog geplagten europäischen Städten Paris, Madrid und Athen beschlossen hat.

Vertikale Gärten. Atem - die Luft zum Leben. GEO-Heft Nr. 02/2017, 07.09.2017, Gruner & Jahr, Hamburg (verändert)

M5 *Kampf gegen die Luftverschmutzung*

Wohin mit dem Müll?

Die rasant wachsende Metropole Mexiko-Stadt produziert seit Jahrzehnten Unmengen von Müll. Deshalb entstanden rund um die Stadt chaotische Müllkippen. An der östlichen Stadtgrenze in einem ausgetrockneten See befand sich Bordo Poniente, die einst größte Müllkippe der Welt.

Bis zu ihrer Schließung 2011 luden hier täglich 700 Müllwagen rund 13000 Tonnen Müll ab. Über 20 Meter hoch türmten sich fast 80 Millionen Tonnen unsortierte Abfälle auf. Das hoch anstehende Grundwasser war mit Phosphaten und Schwermetallen verseucht, stinkende Dämpfe stiegen auf. Unzählige Familien lebten als Müllsammler auf der Deponie und verdienten ihren Lebensunterhalt.

Inzwischen setzte ein Bewusstseinswandel in Sachen Umweltschutz ein. So werden in Mexiko-Stadt mittlerweile 60 Prozent des Mülls recycelt, die anfallenden Müllmengen gelangen auf neu angelegte, dezentral gelegene Deponien. Auf der stillgelegten Deponie soll ein Park mit Seen und Fußballfeldern entstehen Eine Biogasanlage könnte umweltfreundlichen Strom erzeugen.

M6 *Umdenken in Sachen Müll*

1 Weise am Beispiel von Mexiko-Stadt die Merkmale einer Metropole nach. Nutze dazu M1 und den Atlas.

2 Analysiert Maßnahmen zur Lösung von Umweltproblemen in Mexiko-Sadt. Diskutiert darüber.

ℹ Disparitäten

Ungleichheiten hinsichtlich wirtschaftlicher und gesellschaftlicher Entwicklungsstände zwischen Ländern bzw. Regionen

ℹ Bruttoinlandsprodukt (BIP)

Maß für die wirtschaftliche Leistung der Volkswirtschaft eines Landes; Wert aller Güter und Dienstleistungen, die in einem bestimmten Zeitraum (meist Jahr) erwirtschaftet werden

Wirtschaft mit regionalen Unterschieden

Die mehr als 30 Länder des Doppelkontinents Amerika weisen unterschiedliche Wirtschaftsstrukturen auf (M 3). Zwischen ihnen, aber auch innerhalb ihrer Landesgrenzen, bestehen große regionale **Disparitäten**. Diese äußern sich vor allem in unterschiedlichen Lebensbedingungen und ungleichen Entwicklungsmöglichkeiten.

Die nordamerikanischen Staaten USA und Kanada sind hochentwickelte Industrieländer mit einer leistungsfähigen, exportorientierten Landwirtschaft und einem ausgeprägten Dienstleistungssektor. Ihr **Bruttoinlandsprodukt** ist im weltweiten Vergleich sehr hoch. Beide Länder gehören zu den größten Volkswirtschaften der Erde.

Als Lieferanten bergbaulicher und agrarischer Rohstoffe bzw. Produkte waren die meisten Staaten Südamerikas über Jahrhunderte in die Weltwirtschaft eingebunden. Sie zählen nach ihrem Entwicklungsstand zu den Schwellen- und Entwicklungsländern.

Mittlerweile weisen mehrere Länder einen hohen Industrialisierungsgrad auf. Die wirtschaftlich bedeutendsten sind Brasilien, Mexiko und Argentinien mit einer entwickelten verarbeitenden Industrie. Industrielle Fertigprodukte haben einen hohen Anteil am Export dieser Länder.

Die wirtschaftliche Säule der Andenländer ist der monostrukturelle Bergbau. Der Großteil der Bevölkerung lebt aber auch hier von der Landwirtschaft.

In mittelamerikanischen Kleinstaaten sind noch heute Kaffee, Bananen und Zuckerrohr wichtige Exportgüter. Für einige karibische Inseln ist der Tourismus eine bedeutende Einnahmequelle.

M1 *Das industriell geprägte Silicon Valley*

M2 *Subsistenzwirtschaft in den Anden*

❶ Erläutere den Fachbegriff räumliche Disparitäten. Beziehe dabei den Begriff Bruttoinlandsprodukt (BIP) ein.

❷ Beschreibe regionale Disparitäten innerhalb Amerikas. Nutze dazu auch verschiedene Atlaskarten.

❸ Vergleiche ausgewählte Wirtschaftsdaten amerikanischer Staaten (M3).

❹ Fertige zu den BIP-Anteilen von drei ausgewählten Staaten Kreisdiagramme an. Vergleiche sie.

100800-232-01
schueler.diercke.de

Statistiken vergleichen

So gehst du vor

1. Lesen
- Titel/Thema der Statistik (Tabelle oder Diagramm) nennen
- Quelle, Entstehungsjahr, zeitlichen Rahmen, Maßeinheit, Zahlenart (z.B. absolute, relative oder Prozentzahlen) angeben
- Einzeldaten ablesen (bei Tabellen: Zeilen und Spalten; bei Säulen-/Balken-/Kurvendiagrammen: Achsen; bei Kreisdiagrammen: Kreissegmente)

2. Auswerten und Vergleichen
- Daten hinsichtlich Gemeinsamkeiten/Ähnlichkeiten und Unterschieden unter verschiedenen Aspekten gegenüberstellen
- Extremwerte/Besonderheiten ermitteln
- Entwicklungen und Tendenzen aufzeigen (in Abhängigkeit von der Art der Statistik)
- Zusammenhänge/Beziehungen herstellen, Gruppierungen ableiten
- Einflussfaktoren und Ursachen aufzeigen (dazu weitere Materialien für die Ermittlung von Hintergrundinformationen nutzen)
- Ergebnisse zusammenfassen, dabei z.B. auch Daten in andere Darstellungsformen bringen (Art der Statistik umgestalten, Textsorten wie Stichpunkte, Aufzählungen, Fließtext nutzen)
- Ergebnisse vorstellen

www.destatis.de (→ Zahlen & Fakten → Länder & Regionen, → Internationales → Daten nach Staat → Amerika)

| Land | BIP in Mrd. US-$ | Anteile am BIP (2016, in %) | | | Einwohner (in Mio.) | Städtische Bevölkerung in % | Export in Mrd. US-$ | Import in Mrd. US-$ | Arbeitslosigkeit in % |
		Landwirtschaft	Industrie	Dienstleistungen					
USA	18569	1	20	79	323,1	82	1453	2259	4,9
Brasilien	1796	6	21	73	207,7	86	185	138	11,5
Kanada	1530	4	26	70	36,3	82	389	403	7,1
Mexiko	1046	4	33	63	127,5	80	374	387	4,0
Argentinien	546	7	27	66	43,8	92	58	56	6,6
Kolumbien	283	7	33	60	48,7	77	31	45	9,9
Chile	247	4	31	65	17,9	90	60	59	6,6
Peru	192	8	33	59	31,8	79	36	36	4,9
Ecuador	98	10	34	56	16,4	64	17	16	5,4
Kuba	90	4	23	73	11,5	77	3	10	2,9
Dom. Rep.	72	6	26	68	10,6	80	10	17	14,4
Costa Rica	57	6	21	73	4,9	78	10	15	9,0
Panama	55	3	28	69	4,0	67	10	19	5,8
Uruguay	52	7	29	64	3,4	95	7	8	8,2
Bolivien	34	14	31	55	10,9	69	7	8	3,7
Honduras	22	14	28	58	9,1	55	8	11	k. A.
Nicaragua	13	17	27	56	6,2	59	5	7	5,9
Guyana	3	19	29	52	0,8	29	1	1	11,4

M3 *Wirtschaftsdaten ausgewählter amerikanischer Staaten 2016 (nach: Fischer Weltalmanach 2018)*

Kanada

Fläche:	9,98 Mio. km²
Einwohner:	36,3 Mio.
Bev.dichte:	4 Ew./km²
Stadtbevölkerung:	82 %
Hauptstadt:	Ottawa
	(0,93 Mio. Ew.)
Sprachen:	Englisch,
	Französisch
Länderkennzeichen:	CAN

M1 *Steckbrief (2016)*

M3 *Vancouver*

Importgüter	in %
Kfz und -Teile	16
Maschinen	13
Elektronik	7
Nahrungs-mittel	7
Elektrotechnik	5
Sonstiges	52

Exportgüter	in %
Kfz und -Teile	16
Erdöl	10
Nahrungs-mittel	9
Rohstoffe	9
Maschinen	7
Sonstiges	49

M2 *Außenhandel Kanadas 2016*

Kanada – wirtschaftlicher Überblick

Kanada ist der zweitgrößte Flächenstaat und die zehntgrößte Volkswirtschaft der Erde. Die Wirtschaftszentren im Osten und Westen sind bis zu 5000 km voneinander entfernt. Das Land ist mit vier Einwohnern pro km² dünn und ungleichmäßig besiedelt, weite Teile der kanadischen Arktis sind so gut wie menschenleer. Kanadas Wirtschaft stützt sich hauptsächlich auf Rohstoffe, Energie, Industrie und Landwirtschaft. Ein großer Teil der Rohstoffvorkommen wird in entlegenen Landesteilen ausgebeutet. Die Industriezentren konzentrieren sich dagegen in einem Streifen von bis zu 350 km Breite nördlich der US-Grenze in den Provinzen Ontario, Quebec sowie im Großraum Vancouver.

Neben den reichen Naturressourcen verfügt Kanada über eine leistungsstarke, auch an Zukunftstechnologien orientierte Wirtschaft. Wichtige Industrien sind der Automobil- und Flugzeugbau, die Nahrungs-mittelindustrie und die Informations- und Kommunikationstechnologie.

Alle Wirtschaftszweige sind in erheblichem Maße exportabhängig, wobei die USA der mit Abstand wichtigste Wirtschaftspartner Kanadas sind, ca. 80 Prozent der Exporte gehen in die USA. Für Kanada ist Deutschland viertwichtigster Exporteur und siebtwichtigster Importeur von Waren. Deutschland exportiert nach Kanada Kfz(-teile) und Maschinen und importiert Rohstoffe. Beide Länder liefern sich außerdem Datenverarbeitungsgeräte sowie elektrische, optische und chemische Erzeugnisse. [...]

Als Exportnation ist Kanada traditionell an freiem Handel und dem Abbau von Investitionsschranken interessiert. Die üppigen Ressourcen des Landes und die solide Wirtschaftsstruktur sorgen dafür, dass ausländische Investoren angezogen werden. Die USA sind dabei der Hauptinvestor.

Länderinfos Kanada. www. auswaertiges-amt.de, Stand: April 2018 (verändert)

❶ Beschreibe die Lage Kanadas im Gradnetz. Vergleiche mit Europa (Atlas).

❷ Beschreibe das Raumpotenzial Kanadas und erläutere die Verteilung der Industriezentren.

100800-211-05, 214, 215 schueler.diercke.de

M4 *Getreideernte am Peace River*

M5 *Ölsandabbau – Umweltprobleme*

Kanadas „Kornkammern"

Kanada gehört zu den führenden Getreideproduzenten und -exporteuren der Welt. Daran haben die drei Prärieprovinzen Manitoba, Alberta und Saskatchewan einen großen Anteil. Ihr Landschaftsbild ist weitgehend von Getreidefeldern und Weideflächen für Rinder geprägt. Mit modernster Technik bewirtschaften die Farmer riesige Flächen fruchtbarer Schwarzerde. Die Größe einer Farm beträgt durchschnittlich 500 Hektar. Seit Beginn der Besiedlung und ackerbaulichen Nutzung der Präriegebiete wurde der Getreideanbau immer weiter nach Norden bis an die Ackerbaugrenze ausgedehnt. Eine Grundlage dafür war die Züchtung neuer Getreidesorten mit kurzer Wachstums- und Reifedauer.

Weiter im Osten, in den Provinzen Ontario und Quebec, liegt der Schwerpunkt der Landwirtschaft auf der Tierhaltung und somit auf dem Futteranbau.

Ölgewinnung aus Ölsand

Der Boden des Bundesstaates Alberta birgt einen begehrten Rohstoff: Ölsand. Rund um die Uhr wird hier abgebaut. [...] Zunächst werden die Wälder kahl geschlagen, Feuchtgebiete trockengelegt, Erde abgetragen. [...] Aus zwei Tonnen Sand lässt sich durch die extrem umweltschädigende „Extraktion" ein Barrel Rohöl gewinnen. Dabei werden zwischen drei und sechs Barrel Wasser verbraucht. [...]

In großen Anlagen zerlegen heißes Wasser, Chemikalien und Zentrifugen den wertvollen Sand in seine Bestandteile. Bitumen entsteht, eine zähe, schwarze Masse, aus der schließlich durch weitere Verfahren synthetisches Rohöl gewonnen wird. Die giftigen Rückstände werden in große Auffangbecken geleitet, täglich 250 Millionen Liter.

Thomas Schmelzer: Ölgewinnung aus Ölsand. raum&zeit online, 12.08.2017, Ehlers Verlag, Wolfratshausen (verändert)

www.gokanada.com
www.planet-wissen.de
(→ Ölsandabbau in Kanada)

Rohstoff	Platz
Eisenerz	*9.*
Erdöl	*4.*
Gold	*5.*
Palladium	*3.*
Diamanten	*5.*
Erdgas	*4.*
Uran	*2.*

M6 *Bergbauprodukte – Platz bei Weltförderung (Fischer Weltalmanach 2017)*

3 Begründe, warum die Westprovinzen Kanadas als „Kornkammern" bezeichnet werden.

4 Recherchiere Entstehung und Bedeutung von Ölsanden sowie Förderung und Folgen für die Umwelt.

M1 *Rio de Janeiro*

Brasilien

Fläche: 8,5 Mio. km²
Einwohner: 208 Mio.
Bev.dichte: 24 Ew./km²
Stadtbevölkerung: 86 %
Hauptstadt: Brasilia
(2,9 Mio. Ew.)
Sprachen: Portugiesisch,
ca. 270 indigene Sprachen
Länderkennzeichen: BRA

M2 *Steckbrief (2016)*

Brasilien – ein Schwellenland

Das Land zählte in den vergangenen Jahrzehnten zu den sich am schnellsten wirtschaftlich entwickelnden Staaten der Erde. Auch wenn es sich seit 2014 in der schwersten Wirtschaftskrise seit 80 Jahren befindet, ist Brasilien die größte Volkswirtschaft Mittel- und Südamerikas und die neuntgrößte der Welt.

Brasilien verfügt über reiche Natur- und Humanressourcen. Dazu gehören Bodenschätze wie Eisenerz, Erdöl, Kohle, Kupfer, Zinn und Edelsteine, aber auch Wasserkraft, Edelhölzer, fruchtbare Böden und ausgedehnte Weideflächen sowie ausreichend, vor allem junge Arbeitskräfte.

Als fünftgrößtes Land der Erde nimmt Brasilien 47 Prozent der Fläche Südamerikas ein. Aufgrund dieser Ausdehnung und naturräumlichen Vielfalt weist es besonders starke räumliche Disparitäten auf (M3). Charakteristisch für das Schwellenland ist der Gegensatz zwischen hochmoderner Industrie und alten Landwirtschafts- und Besitzstrukturen. Tausende, schlecht ausgebildete Menschen fliehen täglich aus den gering entwickelten ländlichen Regionen in die Metropolen, um so der Armut zu entfliehen. Aber auch hier bleiben sie oft ohne Arbeit und finden bestenfalls eine Bleibe in Armenvierteln, **Favelas** genannt.

Norden
• überwiegend Amazonastiefland, tropischer Regenwald
• dünn besiedelt, Ureinwohner
• reich an Ressourcen
• Erschließungsregion mit Folgen

Nordosten
• überwiegend Bergland
• Trockensavannen, Dürregefahr
• landwirtschaftliche Nutzung
• geringer Lebensstandard, Abwanderungsgebiet

Zentralwesten
• Tief- und Bergland
• Regenwald/Feuchtsavannen
• Viehzucht und Ackerbau

Südosten und Süden
• dicht besiedelt, hohe Verstädterung, Zuwanderungsgebiet
• reich an Bodenschätzen
• Feuchtwälder, Graslandschaften
• Kaffeeplantagen, Rinderzucht
• industriell hoch entwickelt

M3 *Großregionen Brasiliens – Disparitäten*

100800-232-01, 236
schueler.diercke.de

M4 *VW-Werk in Brasilien*

M5 *São Paulo – Paradisopolis*

Das Industriezentrum Brasiliens

Im Südosten und Süden läuft der wirtschaftliche Motor des Landes. Auf engstem Raum konzentriert sich hier nahezu die gesamte Industrie. Im Fahrzeug- und Maschinenbau, der Chemie-, Textil- und Nahrungsmittelindustrie werden die Rohstoffe zu wertvollen, exportfähigen Produkten weiterverarbeitet. Neben Rio de Janeiro und Minas Gerais ist São Paulo der wichtigste Wirtschaftsstandort, in dem rund 30 Prozent aller Industrieprodukte hergestellt werden. Sowohl nationale als auch international agierende Unternehmen sind hier angesiedelt.

São Paulo steht aber auch vor großen Problemen. Viele Landflüchtlinge leben in zumeist illegal erbauten Hütten der Favelas. In ihnen fehlt es an Strom, Wasser, Müllentsorgung und Abwasseraufbereitung. Aufgrund hoher Arbeitslosigkeit kommt es zu sozialen Konflikten und Kriminalität. Seit Jahren werden Favelas saniert („slum upgrading"). Die Einwohner zeigen Initiative beim Aufbau einer Infrastruktur und verbessern damit ihre Lebensverhältnisse. Ältere Favelas sind häufig anerkannt. Zu Protesten führt der Abriss von Favelas für den Bau hochwertiger Neubauten.

www.nzz.ch
(→ Wohnen mit Klasse Condominio)

Status	Anzahl	Ew. (Mio.)
anerkannt	1570	1,5
illegal	1230	1,8
saniert	220	0,1

M6 *Favelas in São Paulo*

VW do Brasil

Das 1953 gegründete Unternehmen ist der größte Automobilhersteller und Exporteur in Brasilien. VW beschäftigt mehr als 21 000 Mitarbeiter an vier Standorten und verfügt über ein Vertriebsnetz von mehr als 600 Händlern. Das Werk São Bernardo do Campo bei São Paulo wurde 1959 als erstes Volkswagen-Werk außerhalb Deutschlands gebaut. 26 Jahre lang war der VW Gol das bestverkaufte Fahrzeug auf dem brasilianischen Markt. Neben Pkw werden auch Lkw und Busse hergestellt. Der Fahrzeugexport geht in 30 Länder, wobei die USA der Hauptabnehmer sind.

Volkswagen AG. Nachhaltigkeitsbericht 2015 (verändert)

	Fahrzeuge	Beschäftigte
1954	700	200
1965	75 000	11 000
1975	502 000	38 000
1985	358 000	41 000
2005	361 000	22 300
2015	538 000	21 600

M7 *Produktion und Beschäftigte bei VW do Brasil*

1 Weise regionale Disparitäten zwischen den Großregionen Brasiliens nach. Nutze dazu auch den Atlas.

2 Begründe, weshalb der Süden als „Motor Brasiliens" bezeichnet wird.

Brasilianisch-Amazonien

Brasilien hat mit 5,2 Mio. km² etwa 65 Prozent Anteil an der Fläche der tropischen Regenwälder Amazoniens. Diese Region ist besonders reich an Pflanzen- und Tierarten sowie Naturressourcen. Die hier beheimateten indigenen Völker nutzten diese über Jahrtausende im Einklang mit der Natur.

Mit der wachsenden Bevölkerung Brasiliens und der zunehmenden Industrialisierung wurde 1957 der Beschluss gefasst, große Urwaldgebiete als Siedlungs- und Wirtschaftraum zu erschließen.

Durch den Bau eines Straßennetzes durch das Amazonastiefland mit der Hauptachse der Transamazônica wurden der Einschlag wertvoller Tropenhölzer und der Abbau von Bodenschätzen ermöglicht. Die aus dem armen Nordosten und übervölkerten Süden umgesiedelten Menschen sollten als Kleinbauern in Agrarkolonisationen Ackerbau betreiben und zur Sicherung der Ernährung beitragen. Jedoch hatte eine nichtnachhaltige Nutzung des Ökosystems – auch durch Großkonzerne – gravierende Folgen.

www.kooperation-
brasilien.org
www.wwf.de/
themen-projekte/
projektregionen/
amazonien

M1 *Erschließungsmaßnahmen*

M3 *Zerstörung des Regenwaldes*

M2 *Mega-Staudammprojekte in der Kritik*

Munduruku-Indianer wehren sich erfolgreich

Am Tapajós, einem der großen Nebenflüsse des Amazonas, will die brasilianische Regierung sieben Großstaudämme errichten, um den Energiehunger zu stillen. Rund 200 000 Hektar Urwald seien bedroht – und Indigene wie die Munduruku. Doch sie haben die Landvermesser verjagt, Straßen blockiert und eine Protestversammlung durchgeführt. Krixi Munduruku sagte: „Fluss, Land, die Wälder und die Fische. All das bedeutet Leben". [...]

In Wirklichkeit gehe es um Milliarden für Baukonzerne und illegale Parteienfinanzierung. Auch europäische Weltfirmen wie Siemens oder Andritz wollen am Staudammboom kräftig mitverdienen. Dabei gäbe es längst Alternativen: die Solar- und Windenergie. Im August 2016 verweigerte die Umweltbehörde IBAMA die für den Bau notwendige Umweltlizenz.

Bernd Kulow: Doku über Widerstand der Munduruku. www.amazonas.de, Bernd Kulow Bildungsportal, Freiburg 2015 (verändert)

---

① Erarbeitet ein Poster zum Thema „Der tropische Regenwald Amazoniens ist eine Schatzkammer der Menschheit".

② Erörtert die Nutzung Brasilianisch-Amazoniens unter den Aspekten Ökologie – Ökonomie – Soziales.

100800-237
schueler.diercke.de

Große Flächen des Regenwaldes werden zur Ausdehnung der Rinderhaltung gerodet. Für mehr als ein Drittel der Zerstörung des Regenwaldes ist die Rinderhaltung schon jetzt verantwortlich.

Immer mehr Touristen erkunden die Natur Amazoniens und die Kultur seiner Bewohner. Häufig fahren sie dazu mit Schiffen stromaufwärts und steuern Dschungel-Lodges an.

Der Einschlag von Edelhölzern führt zur Zerstörung großer Waldgebiete. Wird ein Urwaldriese gefällt, reißt er Dutzende andere Bäume mit um. Es entsteht eine Schneise.

In Amazonien gibt es umfangreiche Vorkommen unterschiedlichster Bodenschätze. Riesige Tagebaue durchziehen die Landschaft. Rekultivierung wird nicht betrieben.

In Europa und China gibt es eine starke Nachfrage nach Soja als Viehfutter. Da mit dem Sojaexport ein größerer Gewinn erwirtschaftet werden kann, nimmt der Sojaanbau in Monokultur immer mehr zu.

Für den Abtransport der Stämme werden Schneisen zu Straßen ausgebaut. Immer mehr Erschließungsstraßen zerschneiden den tropischen Regenwald. Die größte ist die Transamazônica.

Der Küstenraum (Costa)
Wüste mit fruchtbaren
Flussoasen, regional
Schäden durch Wüstenausbreitung

Das Hochgebirge (Sierra)
mit zahlreichen tiefen Tälern

Anbau von Mais, Wein, Zuckerrohr,
Gemüse, Obst, einige Bodenschätze,
im Meer hoher Fischreichtum,
Inseln mit Millionen Seevögeln,
aus deren Exkrementen
Guano-Dünger gewonnen wird

Bis in ca. 3 500 m Anbau vieler
Kartoffelarten und anderer Knollenfrüchte
sowie von Gerste, Weizen, Mais, Bohnen,
Erbsen, Rinderzucht,
an den Hängen häufig Erosionsschäden

In Hochlagen oberhalb der Anbaugrenze:
Zucht von Lamas und Alpacas,
sehr viele unterschiedliche Bodenschätze

Häufige, starke Erdbeben, sehr schwierige und
daher schlechte Erschließung durch Straßen
und Eisenbahn

Costa
Jahresniederschlag: 13mm
Januartemperatur: 22°C
Julitemperatur: 15°C

Sierra
Jahresniederschlag: 750mm
Januartemperatur: 16°C
Julitemperatur: 15°C

M1 *Landschaftsschnitt durch Peru*

Peru

Fläche:	1,3 Mio. km²
Einwohner:	31,8 Mio.
Bev.dichte:	25 Ew./km²
Stadtbevölkerung:	79 %
Hauptstadt:	Lima
	(9,9 Mio. Ew.)
Sprachen:	Spanisch,
	37 indigene Sprachen
Länderkennzeichen:	PER

M2 *Steckbrief (2016)*

Zu wenig Land für zu viele Menschen

Ein Kernproblem in den ländlichen Gebieten Perus ist die ungleiche Besitzverteilung. Wie in anderen Entwicklungsländern auch wird der größte Teil des Nutzlandes oft von großen Farmen oder Plantagen bewirtschaftet. Sie gehören internationalen Firmen oder Großgrundbesitzern, die mit modernen Anbaumethoden arbeiten und für den Export und den Weltmarkt produzieren. Die Millionen von Kleinbauern besitzen meist nur wenig Land, das sie mit einfachsten Mitteln wie Hacke oder Grabstock bearbeiten. Da die Ernteerträge oft sehr gering sind, leben viele Bauern in großer Armut. Die Bevölkerung wächst und die Nutzfläche ist nicht mehr erweiterbar. So wird der Bevölkerungsdruck immer größer. Jedes verfügbare Fleckchen wird genutzt, selbst in ungünstigen Lagen.

Arbeitsplätze in der Industrie fehlen, da sich Betriebe aufgrund der vorhandenen Standortfaktoren nicht auf dem Land ansiedeln. Vor allem junge Menschen werden geradezu gezwungen, ihre Heimat zu verlassen, wenn sie die Chance auf einen Beruf nutzen wollen. Durch die Abwanderung der gebildeten Jugend werden die Unterschiede zwischen Stadt und Land immer größer.

Viele Menschen wünschen sich eine Landreform, bei der das Land der Großgrundbesitzer an die landlose Bevölkerung verteilt wird. Zwar hätten die Bauern dann kleinere Ländereien, aber diese könnten sie nicht so ertragreich bewirtschaften wie vorher die großen Firmen. Daher wird den Kleinbauern geraten, Genossenschaften zu gründen.

M3 *Kleinbauern beim Anbau von Gemüse*

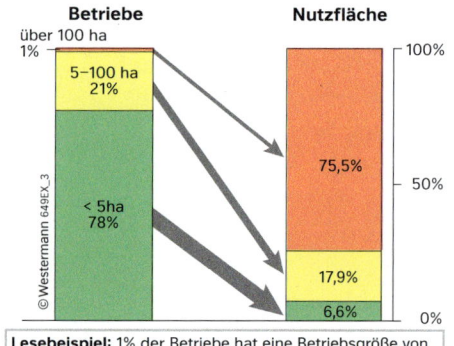

Betriebe   **Nutzfläche**

über 100 ha
1%

5–100 ha
21%

< 5ha
78%

75,5%

17,9%

6,6%

© Westermann 649E\X_3

Lesebeispiel: 1% der Betriebe hat eine Betriebsgröße von über 100 ha. Diese Betriebe haben einen Anteil von 75% an der landwirtschaftlichen Nutzfläche des ganzen Landes.

M4 *Besitzverteilung in der Landwirtschaft*

100800-232-01
schueler.diercke.de

Die Waldgebiete/der Osten (Selva/Oriente)
Regenwald mit Brandrodung, Plantagen (Holz, Bananen, Kaffee, Kakao), illegaler Anbau von Coca

Im Regenwald weitflächig unfruchtbare Böden, häufige Über-schwemmungen, schwierige Erschließung
Ölvorkommen
Selva
Jahresniederschlag: 2845mm
Januartemperatur: 27°C
Julitemperatur: 26°C
© Westermann 667EX_13

M5 *Minenstadt La Oroya*

Zu wenig Geld für wertvolle Rohstoffe

Peru verfügt nur über wenige eigene Industrien. Das Land liefert vorwiegend Rohstoffe für den Weltmarkt, vor allem Zink und Kupfer. Fast alle Industriewaren müssen importiert werden. Da die Preise für Rohstoffe in den letzten Jahrzehnten weniger schnell gestiegen sind als die Preise für Fertigprodukte, erhält Peru für seine Ausfuhrgüter immer weniger Einfuhrgüter. Um seine Entwicklung voranzutreiben, braucht das Land aber diese Importe. Deshalb musste Peru bei den Industrieländern Schulden machen. Dadurch hat die Auslandsverschuldung über Jahre immer weiter zugenommen. Obwohl die Preise für Rohstoffe aufgrund großer Nachfrage inzwischen gestiegen sind, ist die Abhängigkeit geblieben.

Top 5 Exportgüter 2015
(Anteile an der Warenausfuhr insgesamt in %)

Metallurgische Erze	30,0
Gold zu nicht-monetären Zwecken	17,0
NE-Metalle	9,2
Gemüse und Früchte	9,1
Erdöl, Erdölerzeugnisse	5,7

Top 5 Importgüter 2015
(Anteile an der Wareneinfuhr insgesamt in %)

Erdöl, Erdölerzeugnisse	10,1
Straßenfahrzeuge	9,4
Geräte für die Nachrichtentechnik	6,4
Maschinen, Apparate und Geräte	5,4
Eisen und Stahl	4,5

25850EX   © Westermann

M6 *Im- und Exportgüter Perus*

www.gtai.de
(→ peru)

www.latina-press.com (→ Peru)

in Milliarden US-$

2015 70,0
2000 28,6
1990 21,1
1980 1,3

6902EX_6

M7 *Perus Schuldenlast*

---

❶ Beschreibe das Raumpotenzial Perus.

❷ „Die Besitzverhältnisse in der Landwirtschaft sind ein Entwicklungshindernis". Finde Argumente für und gegen diese Aussage.

❸ Nenne Vor- und Nachteile einer Landreform.

❹ Fertige eine kartographische Skizze zu Peru mit den wichtigsten Lagerstätten der Rohstoffe und den bedeutendsten Verkehrsverbindungen des Landes an (Atlas). Erläutere deine Ergebnisse.

❺ Recherchiere aktuelle Daten zur Wirtschaft Perus (Atlas, Internet).

Dominikanische Republik

Fläche:	48 730 km²
Einwohner:	10,8 Mio.
Bev.dichte:	215 Ew./km²
Stadtbevölkerung:	67 %
Hauptstadt:	Santo Domingo (3 Mio. Ew.)
Sprachen:	Spanisch,
Länderkennzeichen:	DOM

M1 *Steckbrief (2016)*

M4 *Hotelanlage in der Dominikanischen Republik*

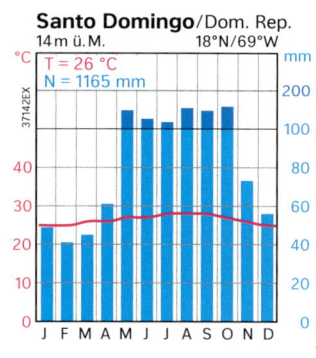

M2 *Klimadiagramm*

✎ www.latina-press.com (→ Dominikanische Republik)

Die Dominikanische Republik

Der Inselstaat entwickelte sich seit den 1980er-Jahren innerhalb weniger Jahrzehnte zum größten Touristenziel der Karibik. Die Regierung setzte u.a. mit Steuervorteilen Anreize für ausländische Investoren, in den Antillenstaat zu investieren. Hunderte Hotelanlagen mit zehntausenden Zimmern wurden gebaut. Das kurbelte in den neu entstandenen Urlaubsregionen die Wirtschaft an: Flughäfen, Straßen, Wasser- und Stromleitungen, Häfen, Versorgungseinrichtungen wurden gebaut. Neue Arbeitsplätze entstanden. Mit über vier Milliarden US-Dollar Einnahmen ist der Tourismus der zweitwichtigste Devisenbringer des Landes.

In den letzten Jahren wurden neue Ressorts abseits der Zentren in strukturschwachen Regionen errichtet, um diesen einen touristischen Entwicklungsimpuls zu geben. Viele Hotelanlagen arbeiten nach dem All-inclusive-Prinzip. Für einen festen, relativ günstigen Reisepreis können die Urlauber in der Hotelanlage so viel essen und trinken, wie sie wollen. Auch die Hin- und Rückreise sowie die Freizeitangebote sind im Preis inbegriffen. All-inclusive-Produkte benötigen durch die ganztägige Rund-um-Betreuung viele Arbeitskräfte. Die üppigen Buffets bieten 24 Stunden lang Essen und Getränke an. Die dafür notwendigen Nahrungsmittel werden zu einem großen Teil aus der einheimischen Produktion eingekauft, sodass die lokale Landwirtschaft vom touristischen Angebot profitiert.

Zwischen 2006 und 2012 investierte die Regierung umgerechnet fast hundert Millionen Euro in den Ausbau der Infrastruktur, u.a. in den Straßenausbau. Nach dem Ausbau der Schnellstraße „Autopiste El Coral" ist heute der äußerste Osten der Insel, in dem 60 Prozent aller Hotelbetten des Landes stehen, mit den wichtigsten Zentren des Landes verbunden. Damit sind nicht nur die Strände, sondern auch das ausgedehnte und abwechslungsreiche Hinterland für die Touristen erreichbar. So führen heute zwei Schnellstraßen in die gebirgige Provinz La Vega mit dichten Wäldern, tiefen Schluchten und spektakulären Wasserfällen.

M3 *Investitionen in den Straßenbau*

100800-227-01, 272-01
schueler.diercke.de

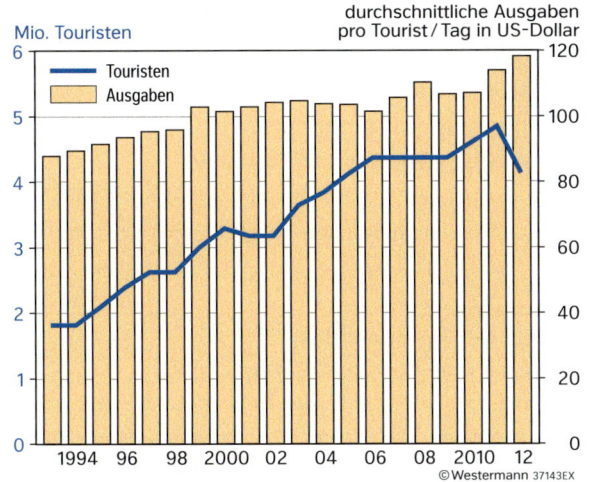

M5 *Entwicklung der Touristenzahlen und deren Ausgaben (2012)*

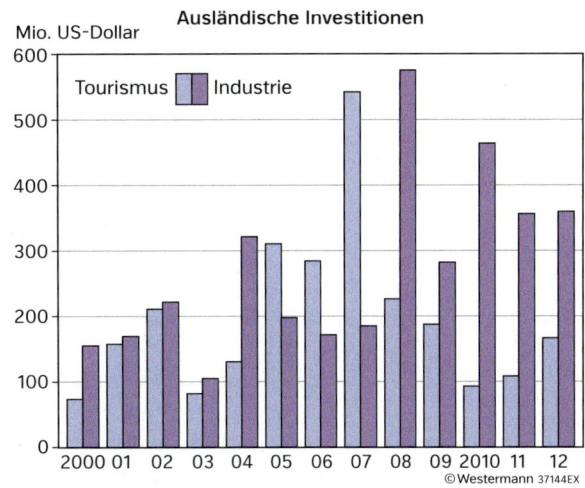

M7 *Ausländische Investitionen in Tourismus und Industrie in der Dominikanischen Republik (2012)*

Während der Jahre des enormen Wachstums des Tourismus wurden durch fehlende Kontrollen Naturschutzregeln missachtet. In den Tourismusregionen dominieren heute Hotels kilometerlange Strandabschnitte. Sie benötigen große Mengen an Wasser und produzieren Abwasser, das bis heute nicht immer sachgerecht entsorgt wird. Neue Hotelanlagen entstehen in bislang unberührten Naturlandschaften. Die neuen Arbeitsmöglichkeiten zogen Tausende Dominikaner in die bis dahin dünn besiedelte Region der Dominikanischen Republik. Es entstanden ungeplante Siedlungen ohne Abwasser- und Müllentsorgung, die zu großen Umweltproblemen führen.

Der Tourismus ist sehr krisenanfällig. Kommt es zu Einbrüchen in der Nachfrage, z. B. durch wirtschaftliche Krisen in den Herkunftsländern oder durch Naturkatastrophen in der Dominikanischen Republik, hat das direkte Auswirkungen auf die Entlohnung der Mitarbeiter bzw. drohen den Beschäftigten Entlassungen. Auch der All-inclusive-Boom hat Verlierer. Dazu zählen in erster Linie Restaurants und Bars, insbesondere dort, wo es vor dem Beginn dieses Booms bereits einen „normalen" Tourismus mit kleinen und mittleren Hotels sowie Restaurants gab. Andere Verlierer sind beispielsweise Taxifahrer, weil All-inclusive-Gäste die meiste Zeit im Resort verbringen. Auch ihr Transport vom Flughafen zum Hotel ist inklusive und erfolgt meist mit den Bussen der Reiseveranstalter.

Der Tourismus hat auch negative soziale Folgen. Konsumverhalten und Verhaltensweisen der ausländischen Gäste führen zu Veränderungen der einheimischen Lebensweise. Ein weiteres großes Problem ist die Prostitution.

M6 *Tourismus – Risiken und Schattenseiten*

---

1 Analysiere den Naturraum sowie die sozialen und wirtschaftlichen Verhältnisse der Dominikanischen Republik (Atlas).

2 „Der Tourismus ist ein wichtiger Wirtschaftssektor des Inselstaates."

a) Stelle Pro- und Kontra-Argumente zur Entwicklung des Tourismussektors zusammen. Veranschauliche dies grafisch (z.B. Schaubild, Mindmap).
b) Bewerte den Tourismus als Entwicklungsfaktor für das Land.

So gehst du vor

1. Daten mithilfe von WebGis ermitteln

- Öffne die Website https://webgis.sachsen.schule/.
- Nutze die Ausgangskarte.
- Nutze das Auswahlwerkzeug, um den Doppelkontinent zu markieren.
- Klicke den Reiter „Tabelle" an.
- Beschränke diese mittels Werkzeug auf die ausgewählten amerikanischen Staaten.
- Ergänze die Tabelle M1.

2. Daten in einem Netzdiagramm darstellen

- Gestalte zu den Daten der Tabelle ein Netzdiagramm (M2).
- Beachte: Wenn die Flächengröße deines Netzdiagramms sofort eine Aussage zum Entwicklungsstand des Landes ermöglichen soll, wähle den Nullpunkt wie folgt:

  a) Nullpunkt in der Diagrammmitte für Werte, die mit dem Entwicklungsstand des Landes wachsen

  b) Nullpunkt am Ende der jeweiligen Achse für Werte, die mit dem Entwicklungsstand schrumpfen

3. Daten auswerten

- Werte die Daten zu den drei Ländern vergleichend aus.
- Schlussfolgere auf deren Entwicklungsstand. Nutze dazu folgende Formulierungshilfen *(aus Online-Material zur Praxis Geographie, 7/8 2017)*:

  – Das Land … hat hohe Werte bei … und niedrige Werte bei …, deshalb …

  – Deutlich werden Unterschiede insbesondere bei diesen Werten … und diesen Ländern …

  – Der hohe/mittlere/niedrige Entwicklungsstand des Landes zeigt sich durch …

  – Insgesamt ist der Entwicklungsstand hoch/mittel/niedrig, ein Bereich bildet aber eine Ausnahme: …

  – … der Graph umspannt eine große/kleine Fläche.

  – Die Unterschiede zwischen den Ländern bedeuten …

Indikator	Kanada	Guatemala	Argentinien
HDI 2013			
BNE pro Kopf (in US-$)			
Anteil des primären Sektors 2013			
Wachstumsrate der Bevölkerung 2010/2015 in %			
Lebenserwartung in Jahren 2013			
CO_2-Ausstoß in t/Kopf			

M1 *Daten zu ausgewählten Ländern*

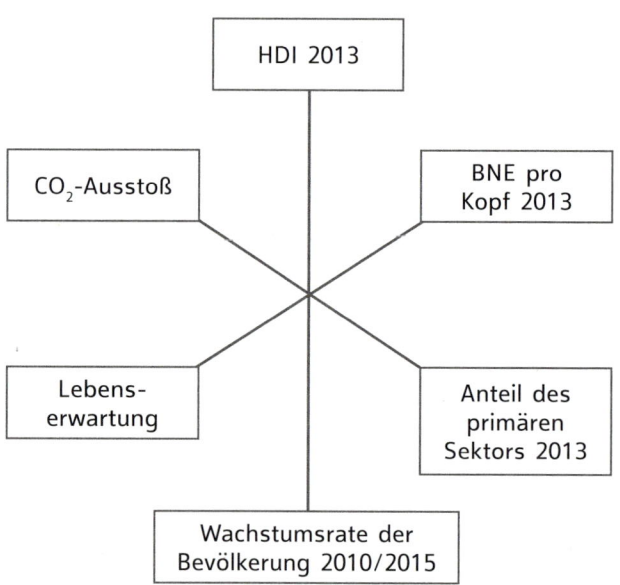

M2 *Vorlage für ein mögliches Netzdiagramm*

1. Ordne jeweils drei topographische Begriffe einander zu. Gib jeder Begriffsgruppe einen Oberbegriff. Nutze dazu den Atlas.

2. Bilde aus den topographischen Begriffen drei Begriffsreihen nach folgendem Muster: Stadt – Fluss – Oberflächenform – Land. Nutze dazu den Atlas.

Neufundland New York Yucatan Cotopaxi Grönland Popocatepetl Niederkalifornien Alaska Mexiko-City Feuerland Sao Paulo Mt. Rainier

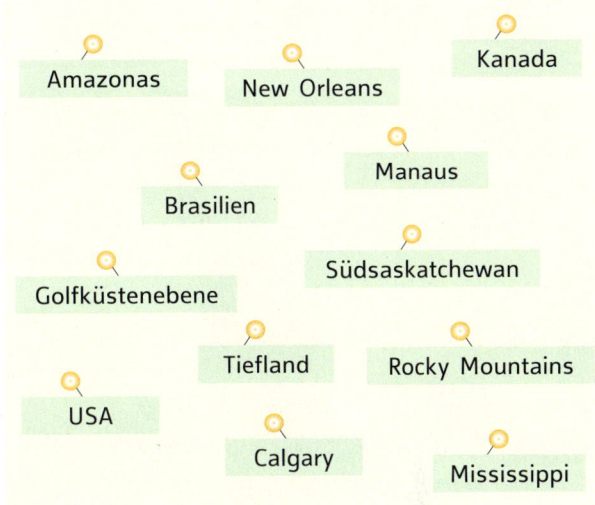

Amazonas New Orleans Kanada Brasilien Manaus Golfküstenebene Südsaskatchewan USA Tiefland Rocky Mountains Calgary Mississippi

Kompetenz-Check

Hier sind die Kompetenzen aufgeführt, die du in diesem Kapitel erwerben konntest.

Schätze deinen erreichten Stand der Kompetenzentwicklung selbst ein:

☺ sehr gut   ☺ gut   😐 befriedigend   ☹ mangelhaft

Ich kann ...	☺	☺	😐	☹	Noch unsicher? Schlage nach auf S. ...
... die Lage des Doppelkontinents Amerika beschreiben und verschiedene Gliederungen erläutern.					8/9
... den Doppelkontinent in naturräumliche und anthropogeographische Orientierungsraster/ Ordnungssysteme einordnen.					8–44
... die Methode des räumlich-geographischen Vergleichs beschreiben und anwenden.					9
... kulturelle Merkmale als Folge von Besiedlung, Entdeckung/ Eroberung erklären und vergleichen.					10–13
... die naturräumliche Ausstattung von Nord- und Südamerika analysieren und vergleichen, dabei Klimadiagramme zuordnen.					14–23
... Profilskizzen auswerten und selbst anfertigen.					16, 18, 22/23, 40/41
... die Bedeutung von Welterbestätten diskutieren und Kriterien für die Aufnahme in die Liste an Beispielen anwenden.					24/25
... die Siedlungsstruktur Anglo- und Lateinamerikas vergleichen und die zunehmende Verstädterung mit ihren Folgen erläutern.					26–31
... Disparitäten zwischen den Ländern Nord-, Mittel- und Südamerikas mithilfe von Statistiken aufzeigen.					32/33
... die Wirtschaftsstruktur ausgewählter Länder analysieren und miteinander vergleichen.					34–43
... Daten mithilfe von WebGis ermitteln und darstellen.					44

2 Weltwirtschaftsmacht USA

In diesem Kapitel erwirbst du folgende Kompetenzen und wendest diese an:

– die Zusammensetzung und Verteilung der Bevölkerung der USA erklären,

– die Verstädterung mithilfe von Karten erläutern,

– zur Bedeutung der USA als Wirtschaftsmacht sachlogisch argumentieren,

– die USA als Wirtschaftsraum charakterisieren,

– den Strukturwandel in Industrie- und Landwirtschaftsräumen analysieren,

– die große Bedeutung des Dienstleistungssektors nachweisen.

M1 *Washington D.C. – Hauptstadt der USA*

USA

Fläche: 9,93 Mio. km²
Einwohner: 323,1 Mio.
Bevölkerungs-
dichte: 33 Ew./km²
Stadtbevölke-
rung: 82 %
Hauptstadt: Washington
(0,68 Mio. Ew.)
Sprachen: Englisch,
Spanisch
Länderkenn-
zeichen: US

M1 *Steckbrief (2016)*

Die USA – Land der Vielfalt

„E pluribus unum" („Aus vielen Eins"), so lautet das Staatsmotiv der USA. Vielfältig ist der Naturraum mit Hoch-, Mittelgebirgen und Ebenen, von der polaren bis zur subtropischen Klimazone. Vielfältig ist auch die Zusammensetzung der Bevölkerung mit Einwanderern aus Europa und Asien, mit Afroamerikanern, Hispanics sowie den indianischen Ureinwohnern. Ihnen gehörte einst das ganze Gebiet, heute leben viele der etwa zwei bis fünf Millionen Native Americans in Reservaten und am Rande der Gesellschaft.
Wirtschaftlich und sozial treffen High-tech- und landwirtschaftlich strukturierte Regionen aufeinander, Ballungsräume und nahezu menschenleere Gebiete, Millionäre und Menschen in bitterer Armut. Die Vereinigten Staaten sind das Land der Superlative aufgrund ihrer globalen Präsenz, der Tragweite ihrer Außenpolitik, ihrer wirtschaftlichen und militärischen Macht. Das amerikanische Lebensgefühl („The American Way of Life") wurde weltweit exportiert, z. T. auch bereitwillig übernommen. Die USA werden aber nicht nur geliebt, sondern sind wegen ihres globalen Engagements und ihrer Vormachtstellung bei vielen Menschen und auch in ganzen Regionen unbeliebt.

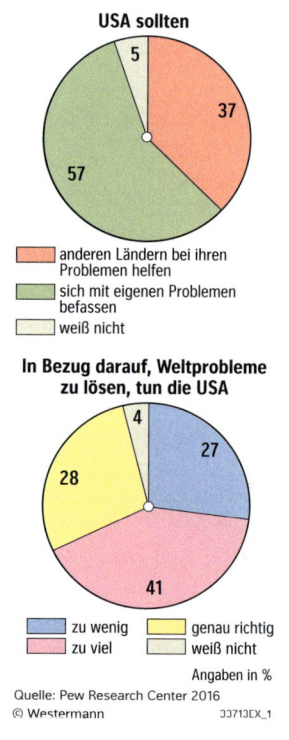

USA sollten
5
37
57

- anderen Ländern bei ihren Problemen helfen
- sich mit eigenen Problemen befassen
- weiß nicht

In Bezug darauf, Weltprobleme zu lösen, tun die USA
4
27
28
41

- zu wenig
- zu viel
- genau richtig
- weiß nicht

Angaben in %
Quelle: Pew Research Center 2016
© Westermann   JJ713EX_1

M2 *Umfrage zur Rolle der USA in der Welt unter US-Amerikanern*

„Amerikanisierung" der Welt

Seit Jahrzehnten nimmt die US-amerikanische Lebens- und Wirtschaftsweise Einfluss auf unseren Alltag. Dies zeigt sich vor allem in der Kleidung, Musik, Verkaufskultur, in Fastfood-Ketten und in unserer Sprache. Amerikanische Feiertage werden auch bei uns vermarktet. Weltweit wird die Medienlandschaft durch die USA geprägt. Filme aus Hollywood spielen Millionengewinne ein. Die Oskarverleihung ist ein globales Medienereignis. Wahlkämpfe werden publikumswirksam im Fernsehen geführt.

Breakdance-Crew in Peking/China

Eröffnung eines Apple-Stores in Brasilien

Netflix-Premiere in Tokio/Japan

McDonald's-Filiale in Mumbai/Indien

M3 *Amerikanische Kultur weltweit*

❶ Die Flagge der USA heißt Stars and Stripes. Erläutere deren Bedeutung (Internet).

❷ In unserem Alltag wird eine „Amerikanisierung" deutlich. Nenne Beispiele.

Freedom: Erhalt von Freiheit

American Exceptionalism: Glaube an die besondere moralische Stellung und Mission von Amerika

Patriotism: Loyalität gegenüber den Vereinigten Staaten und Zuneigung zum American Way of Life

Equality before the Law: Für alle, Reich und Arm, Weiß und Schwarz, gelten die gleichen rechtlichen Regeln.

Fairness: Die Menschen erhalten das, was sie aufgrund ihrer individuellen Tätigkeiten und Anstrengungen verdienen.

Respectability: lockerer Umgang zwischen Personen unterschiedlicher Gesellschaftsschichten

Luck: Leitspruch „Leben und leben lassen"

Achievement: Glaube an die Wirksamkeit individueller Anstrengung, Ansicht, dass sich Bildung und harte Arbeit bezahlt machen

Caring beyond the Self: Hilfsbereitschaft gegenüber Anderen

Progress: Veränderung als fester Bestandteil des Lebens

Time Orientation: Amerikaner sind zeitbewusst und betrachten Zeit als materielle Sache („Zeit ist Geld").

Parade zum 4. Juli, dem Unabhängigkeitstag der USA

M4 *Merkmale des American Way of Life*

Die Amerikaner werden sesshafter

Vor allem seit dem beginnenden 20. Jahrhundert zogen die Menschen massenhaft schnell dorthin, wo es Arbeit gab und wechselten ebenso schnell an einen anderen Ort, der mehr Chancen zu bieten schien. Die meisten Amerikaner zogen mehrmals in ihrem Leben um und durchquerten dabei mitunter mehrmals die USA von West nach Ost, von Nord nach Süd oder umgekehrt. Aus dieser **Mobilität** entwickelten sich die Mobilhäuser, die sich versetzen lassen, oder die Trailer Parks, wo die Menschen in Wohnwagen leben, die zwar primitiver und kleiner sind, aber auch von einem PKW gezogen werden können. Aber seit den 1980er-Jahren ist die Mobilität zwischen den US-Bundesstaaten kontinuierlich und seit den 1990er-Jahren um mehr als 50 Prozent zurückgegangen. [...] Grundsätzlich geht man davon aus, dass die Mobilität nicht wegen höherer Kosten, sondern aufgrund geringerer Gewinne sinkt, [...] dass es sich weniger lohnt, woanders einen Job anzunehmen, weil die Gehälter keine so großen Unterschiede mehr aufweisen.

Daneben gebe es noch einen zweiten Grund: Die Menschen haben mehr Zugang zu Daten, um sich zu informieren, bevor sie sich auf ein Abenteuer einlassen. Dabei hilft nicht nur das Internet, auch Reisekosten sind billiger geworden, sodass man es sich auch eher leisten kann, sich erst einmal umzuschauen, bevor man wegzieht.

Florian Rötzer: Telepolis Magazin, www.heise.de, 25.05.2014 (verändert)

www.bpb.de
(→ American Way of Life)

www.americanet. de/html/reiseland_ usa.html

M5 *Transport eines Modular Homes*

❸ Vergleiche die Werte der US-amerikanischen Gesellschaft mit eigenen Lebensvorstellungen.

❹ Erkläre die hohe Mobilität der US-Bevölkerung und die Anschaffung eines Mobile Home.

*„E pluribus unum"
(„Aus vielen Eins")*

M1 *Staatswappen der
USA*

M3 *Ausstellung: Erinnerung an die vielen Einwanderer auf Ellis Island in New York*

Native 0,9
Other
Asian 4,8
9,3
Black 12,6
White 72,4

Angaben in %

Anmerkung: Hispanics: 16,3 %
(verteilt auf andere Ethnien)

25829EX   Quelle: U.S. Census Bureau

M2 *Bevölkerungszusammensetzung der USA
(2014)*

www.usa-info.net/
usa/allgemein/ein-
wohner.phb

www.informatio-
nen-usa.de

„Aus vielen Eins"

Die USA sind heute das größte Einwanderungsland der Erde. Seit über 200 Jahren kommen Einwanderer aus verschiedenen Kulturen in das Land. So durchliefen allein bis 1954 insgesamt zwölf Millionen Menschen „America's Gate", wie Ellis Island auch genannt wird. Hier mussten sich erst alle Einwanderer vorstellen und ihre Einreisegenehmigung abwarten.

Auch heute sind die Einwanderungsvisa begehrt: Für einen unbegrenzten und dauerhaften Aufenthalt benötigt man eine Permanent Resident Card, auch „Greencard" genannt.

Die heutige amerikanische Nation besteht aus einer Vielzahl ethnischer Gruppen. Englisch bildet zwar die gemeinsame Landessprache, jedoch sind die Kulturen der Bewohner sehr verschieden. Für das amerikanische Nationalgefühl steht seit dem 19. Jahrhundert der bildhafte Vergleich des „Melting Pot of People".

Der Begriff beschreibt die vielen Bevölkerungsgruppen, die zu einer, neuen, homogenen Nation zusammenfinden.

Im Gegensatz dazu steht das Modell des „Layer Cake". Dieser Begriff beinhaltet, dass verschiedene Bevölkerungsgruppen nebeneinander leben und ihre unterschiedlichen Lebensweisen und Identitäten bewahren. Die vielfältige US-amerikanische Gesellschaft wird auch als „Salad Bowl" oder „Mosaic" bezeichnet.

Oftmals ist die Vielfalt aber auch durch Diskriminierung, Abgrenzung und Ablehnung geprägt. Vor allem die gleichberechtigte Eingliederung der Bevölkerungsgruppen ist bis heute ein Problem. So siedeln sich in ethnischen Vierteln neue Einwanderer in der Nähe ihrer Landsleute an. Dennoch sind es gerade die nur lose miteinander verbundenen ethnischen Gruppen, die gemeinsam die Identität der USA ausmachen und bereichern.

1 Erläutere die Begriffe Melting Pot und Layer Cake als Beschreibung der US-amerikanischen Gesellschaft.

2 Nenne Herkunftsländer der Migranten und erörtere die illegale Einwanderung über die mexikanische Grenze in die USA.

M4 *Grenze zwischen Mexiko und den USA in Arizona – von 3144 Kilometern Grenze sind rund 1200 Kilometer mit Zäunen, Mauern, Kameras und Sensoren gesichert. Jährlich überqueren über eine Millionen Menschen die Grenze, indem sie den Rio Negro durchschwimmen, die Wüste durchwandern oder über den Zaun klettern. Es bestehen Pläne, die Mauer zu erhöhen und noch besser zu sichern.*

Einwanderung mit Problemen

Ungefähr 99 % aller US-Amerikaner sind Einwanderer oder deren Nachfahren. Derzeit stammt noch die Mehrheit von Europäern ab. Dies wird sich in Zukunft ändern. Die hohe Anzahl von Immigranten (Einwanderern) aus Mittel- und Südamerika, den sogenannten Hispanics, und deren Nachkommen werden in absehbarer Zeit einen Großteil der US-Amerikaner stellen. Diese Entwicklung löst in Teilen der Bevölkerung oft Besorgnis und Angst vor Überfremdung aus. Das hat dazu geführt, dass die Grenze zu Mexiko massiv mit einem Zaun gesichert wurde. Es ist schon paradox, wenn Nachkommen von Einwanderern die Immigranten am Grenzübertritt hindern.

Blutige Zwischenfälle sind an der Grenze an der Tagesordnung, wenn Menschen versuchen, in das „Land der unbegrenzten Möglichkeiten" zu gelangen. Ihr Ziel sind die Großstädte der USA. Mütter setzen manchmal ihre minderjährigen Kinder auf einen fahrenden Zug, weil sie wissen, dass Minderjährige in den USA nicht ohne Weiteres in die Herkunftsländer zurückgeschickt werden dürfen.

Die Menschen, die ihr Ziel erreichen, hoffen, im Großstadtdschungel nicht aufzufallen, da sie Illegale sind. Sie suchen Jobs, z. B. in Restaurants, Bars oder auf dem Land als Erntehelfer. Dabei garantieren die Illegalen sogar den wirtschaftlichen Erfolg einiger Branchen im Grenzgebiet.

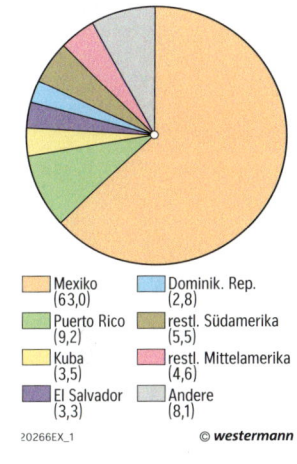

Mexiko (63,0)
Dominik. Rep. (2,8)
Puerto Rico (9,2)
restl. Südamerika (5,5)
Kuba (3,5)
restl. Mittelamerika (4,6)
El Salvador (3,3)
Andere (8,1)

20266EX_1 © *westermann*

M5 *Herkunftsländer der Lateinamerikaner in den USA*

ⓘ Gefragte Arbeitskräfte

Bis 1964 regelte ein Programm in den USA die legale Zuwanderung von Mexikanern, die dringend in der Intensivlandwirtschaft Kaliforniens [...] benötigt wurden. Das Programm ermöglichte etwa vier bis fünf Millionen Mexikanern, als Saisonkräfte in den USA zu arbeiten. [...]
Die „Gäste" blieben und die als zeitweilig geplante Zuwanderung war nach 1964 nicht beendet. [...]
Für Teile der US-amerikanischen Wirtschaft waren besonders illegale Migranten attraktiv, die keinerlei soziale Absicherung besaßen und unterhalb des festgesetzten Mindestlohns arbeiteten. 1986 wurde mit dem „Immigration and Control Act" versucht, die irregulären Bewohner teilweise zu legalisieren. Gleichzeitig wurden den Arbeitgebern von illegal Beschäftigten hohe Strafen angedroht.

Paul Gans et al.: Bevölkerungsgeographie. Westermann, Braunschweig 2016, S. 92 ff.

M6 *Illegale Arbeiter in der Landwirtschaft Kaliforniens*

M1 *Chief Arvol Looking Horse von den Great Sioux Nation*   **M2** *Casinos stehen oft in ursprünglicher Natur*

Indianer – die „Native Americans"

Die Indianer hatten den nordamerikanischen Kontinent schon lange vor den Weißen besiedelt. Sie selbst nennen sich nicht Indianer, sondern bezeichnen sich meist als „Native Americans", d.h. „Eingeborene Amerikas". Im Jahre 1830 verabschiedete die Regierung der USA den Indian Removal Act, der sie ermächtigte, alle Indianer, die östlich des Mississippi lebten, zu vertreiben.

Ein Grund dafür war, dass in deren Lebensgebiet Bodenschätze vermutet wurden. So drangen Goldgräber, aber auch Farmer und Rancher immer weiter nach Westen vor und verdrängten die Ureinwohner.

Ihnen wurden Reservate, von denen heute noch 550 bestehen, zugewiesen. Die Indianer hatten so ihre Freiheit und ihr Land verloren, sodass Resignation und zunehmendes Elend die Folgen waren.

Erst im Jahre 1924 erhielten sie die US-amerikanische Staatsbürgerschaft und durften ab 1934 ihre Stämme selbst verwalten.

Heute leben nicht mehr alle Indianer in Reservaten. Viele junge Stammesmitglieder verlassen das Reservat und versuchen in den Städten Arbeit zu finden, was vielen von ihnen oft wegen schlechter Schulbildung nicht gelingt.

ⓘ Indianer machen mobil

Vor allem eine junge Generation gebildeter Indianer mit erfolgreichen Studienabschlüssen in Rechts- und Wirtschaftswissenschaften ist dabei, dem etablierten Amerika mit jener Waffe gegenüber zu treten, die es selbst am besten beherrscht: wirtschaftlicher Erfolg.[...] In den Vereinigten Staaten gibt es mehr als 500 anerkannte Indianerstämme. Etwas mehr als 200 von ihnen betreiben mit großem Erfolg Spielcasinos und Vergnügungsparks samt angegliederter Hotels und Einkaufszentren, lauter Geschäftstätigkeiten, die weiße US-Amerikaner ursprünglich kraft Gesetz den Indianern verboten haben. So profitieren die Stämme in attraktiven Landschaften und nahe der großen Zentren von den beliebten Kurzurlauben der spielsüchtigen Weißen.

Wolfgang Neumann-Bechstein: Indianer heute. Planet wissen, WDR, 02.04.2014 (gekürzt)

www.welt-der-indianer.de

www.spiegel.de/thema/indianer

❶ Analysiere die Geschichte der Indianer und deren heutige Situation in den USA.

❷ Neben vielen armen Bewohnern von Reservaten gibt es heute auch reiche. Begründe.

❸ Erläutere die Darstellungsform und die inhaltlichen Aussagen eines Kartogramms.

❹ Werte das Kartogramm (M3) aus. Orientiere dich an der Schrittfolge.

100800-210-01
schueler.diercke.de

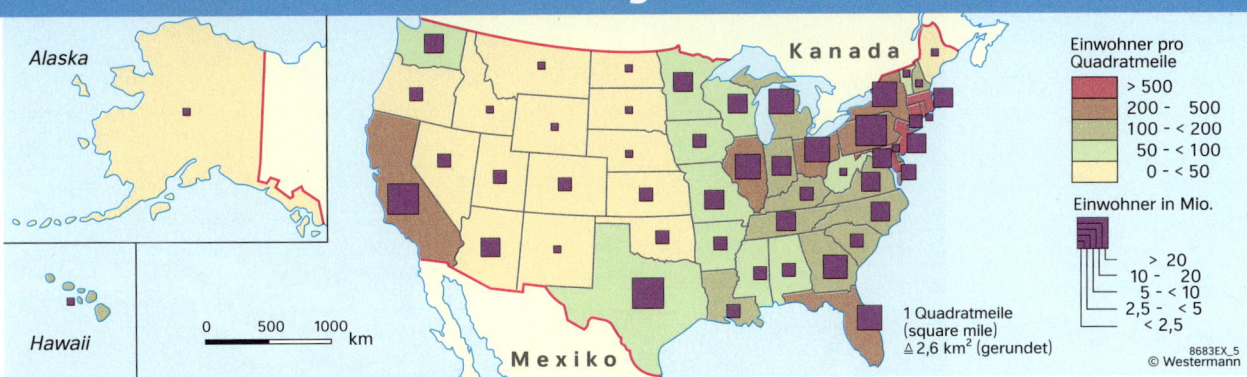

Alaska

Hawaii

K a n a d a

M e x i k o

Einwohner pro
Quadratmeile

> 500
200 - 500
100 - < 200
50 - < 100
0 - < 50

Einwohner in Mio.

> 20
10 - 20
5 - < 10
2,5 - < 5
< 2,5

1 Quadratmeile
(square mile)
≙ 2,6 km² (gerundet)

8683EX_5
© Westermann

0   500   1000 km

M3 *Bevölkerungsdichte und Bevölkerungszahl der US-Bundesstaaten*

ⓘ Kartogramm

Das Kartogramm ist eine Darstellungsform, in der auf einer meist sehr vereinfachten topographischen Grundlage flächenhafte Aussagen vorgenommen werden. Die kartographische Darstellungsfläche deckt sich dabei nicht mit dem tatsächlichen Verbreitungsraum. Aussagen zum Ort werden ebenfalls nicht streng lagetreu wiedergegeben. Hierdurch unterscheidet sich das Kartogramm von der thematischen Karte, von der eine maximale Lagegenauigkeit der dargestellten Inhalte erwartet wird.

Eine spezielle Art des Kartogramms sind die Kartodiagramme. Sie stellen Inhalte durch zusätzliche Figuren (z. B. Punkte, Quadrate, Kreise) oder Diagramme dar.

So gehst du vor

1. Sich einen Überblick verschaffen
Notiere das Thema, den Raum und die Zeit. Informiere dich in der Legende über Signaturen, Zahlenwerte usw.

2. Inhalte beschreiben
Beschreibe und vergleiche die dargestellten Sachverhalte in Bezug auf eine vorgegebene oder selbst gewählte Fragestellung.

3. Auswerten
Finde ein räumliches Muster, indem du Aspekte der Fragestellung herausarbeitest (z. B. Schwerpunkte).

4. Zusammenfassen
Fasse die Inhalte des Kartogramms zusammen und finde eine mögliche Erklärung der Verteilung (Atlas).

5. Bewerten
Bewerte das Kartogramm in seiner Aussagekraft.

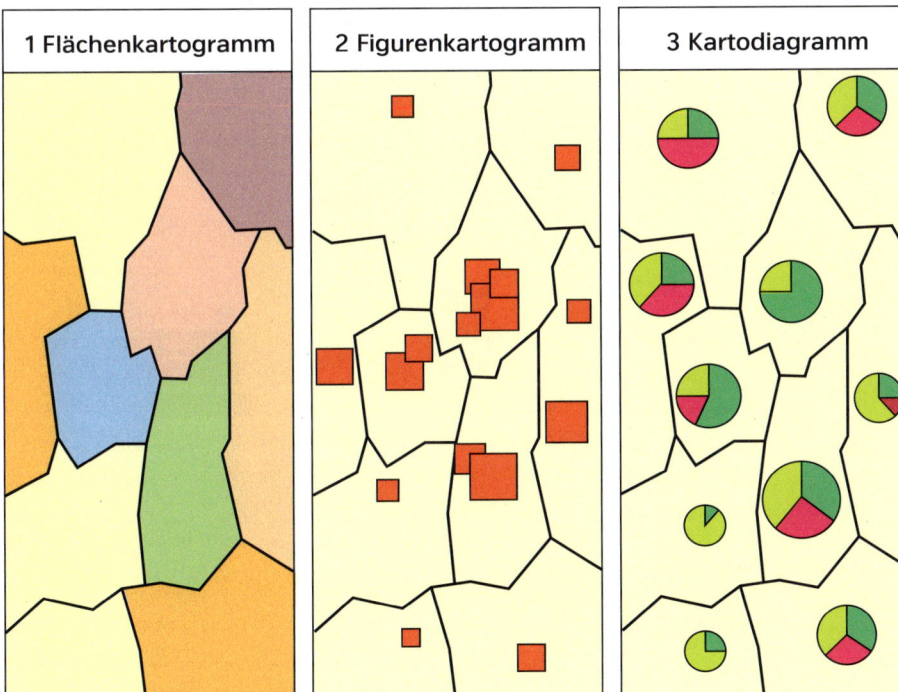

| 1 Flächenkartogramm | 2 Figurenkartogramm | 3 Kartodiagramm | Kombination aus den Kartogrammen 1–3 |

17099EX_2

© Westermann

M4 *Kartogramme und mögliche Kombinationsformen*

www.factfish.com/
de/statistik-land/usa/
stadtbevölkerung

M1 *USA bei Nacht*

USA – Stadtlandschaften

Über drei Viertel der US-Bevölkerung leben heute in Städten. Am größten ist der Verstädterungsgrad mit etwa 90 Prozent der Bevölkerung im Bundesstaat Kalifornien. Wenn sich die Bevölkerung, die Wohngebäude, die Arbeitsplätze und die Infrastruktur in einem Raum konzentrieren, sprechen Fachleute auch von einer Agglomeration.

Angetrieben von der Massenmotorisierung und dem Ausbau des Autobahnnetzes breiteten sich die Städte immer mehr in ihr Umland aus. Man spricht auch von Verstädterung. Der Begriff Verstädterung beinhaltet sowohl die Zunahme der Bevölkerung in den Städten als auch die räumliche Ausdehnung der Städte. Wachsen die Städte zusammen, nennt man diesen Raum Megalopolis. Eine Megalopolis besitzt neben einem ausgeprägten Verkehrsnetz auch Bedeutung als Industrie- und Gewerbestandort.

M2 *Ballungsräume, Millionenstädte und Anteil der Stadtbevölkerung*

M3 *Die berühmte Skyline von Manhatten*

M6 *Stadtteile von New York*

Global City New York

Kein Land der Erde verfügt über so viele Städte mit weltwirtschaftlicher Bedeutung wie die USA. Eine solche Stadt, eine Global City, ist New York mit über acht Millionen Einwohnern in der Metropolitan Area und rund 22 Millionen in ihrem Großraum. Zahlreiche nationale und internationale Firmen haben ihren Hauptsitz in einem der vielen Wolkenkratzer Manhattans. In der Wall Street und den angrenzenden Bereichen Manhattans befinden sich die wichtigsten Börsenplätze und die bedeutendsten Finanzzentralen der Welt. Nahezu alle Großbanken, Versicherungen und Mediengesellschaften sind mit ihrem Stammsitz vertreten. Über ein Viertel aller Erwerbstätigen New Yorks arbeitet im Finanzsektor, weitere zwei Drittel in anderen Dienstleistungsbereichen.

New York ist nicht nur ein wirtschaftliches, sondern auch eine kulturelles und touristisches Zentrum mit weltweit bekannten Museen, Galerien, großen Kunstmessen und führenden Aktionshäusern.

ⓘ **Global City**
Weltstadt mit Steuerungsfunktion für die Weltwirtschaft und -politik

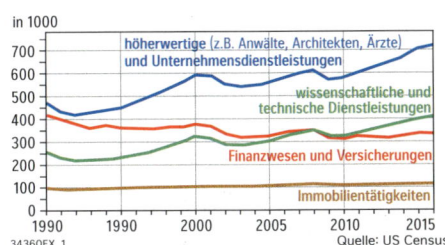

M4 *Entwicklung der Beschäftigten nach ausgesuchten Branchen (1990–2016)*

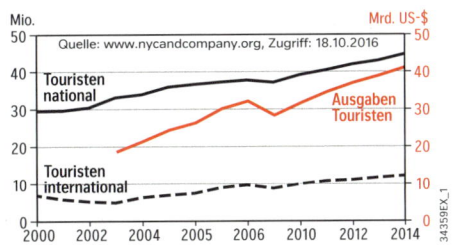

M5 *Tourismuszahlen von New York City (2000–2014)*

www.tagesspiegel.de
(→ hudson+yards)

www.nyc-info.de/
stadtteile

---

❶ Beschreibe die Lage der Ballungsräume und der Millionenstädte in den USA.
Erkläre dabei die Begriffe SanSan, BosWash und ChiPitts.

❷ Weise nach, dass New York eine Global City ist.

❸ Beschreibe Funktionen der Stadt New York.

M1 *Börsenplatz New York*

USA – ein Wirtschaftsgigant

Im Selbstverständnis der US-Amerikaner sind sie nicht nur politisch/militärisch die Nummer Eins in der Welt, sondern auch wirtschaftlich. Doch seit einigen Jahren konkurrieren China und auch die Europäische Union (als Gesamtwirtschaftsraum) mit den USA um diese Spitzenposition. Wirtschaftsexperten sind sich sicher, dass spätestens in 15 Jahren die chinesische Wirtschaftskraft die US-amerikanische übersteigen wird. Dennoch nimmt die große Volkswirtschaft der USA gegenwärtig und auch in naher Zukunft weiterhin eine Vormachtstellung in der Welt ein.

Dazu tragen mehrere Faktoren bei. So verfügen die USA z. B. über

- einen sehr großen, konsumwilligen Binnenmarkt,
- ein riesiges Arbeitskräftepotenzial,
- ein hervorragend erschlossenes, mit vielen Ressourcen ausgestattetes Land,
- viele Spitzenuniversitäten,
- einen hohen Anteil an den größten weltweit agierenden Konzernen,
- die weltweit höchste Arbeitsproduktivität,
- den weltweit wichtigsten Börsenplatz New York,
- die wichtigste Währung der Welt.

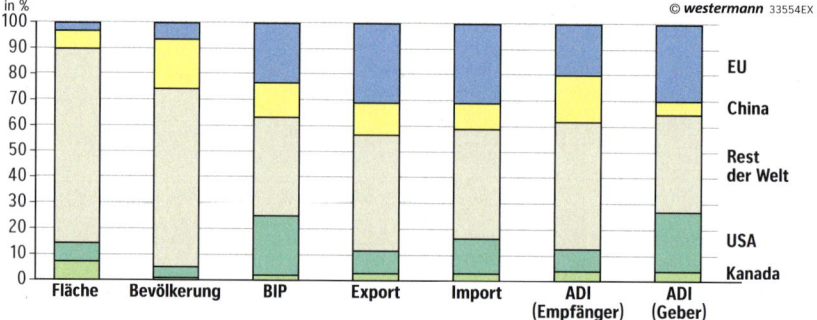

M2 *Bedeutung von USA/Kanada im internationalen Vergleich*

① Nenne Faktoren für den Aufstieg der USA zur größten Wirtschaftsmacht der Erde.

② Begründe, warum die USA nach wie vor die führende Weltwirtschaftsmacht sind.

So gehst du vor

1. **These (Behauptung zu einem Problem) aufstellen**
Formuliere die These klar und deutlich. Von ihr soll in der gesamten Argumentation nicht abgewichen werden.

2. **Argument(e) zusammentragen, die die These belegen/begründen**
Verwende dabei Konjunktionen wie „da", „weil".

3. **Das Argument, die Argumente mithilfe von Beispielen unter Verwendung verschiedener Medienelemente erläutern**
Verwende beim Erläutern Konjunktionen, z. B. „wie", „denn".

4. **Schlussfolgerungen vornehmen**
Leite ein mit Konjunktionen wie „deshalb", „daher", „darum", „aufgrund dessen".

M3 *Wenn im Geographieunterricht Strittiges zu klären ist oder Meinungen ausgetauscht werden sollen, dann bedient man sich der Methode der Argumentation.*

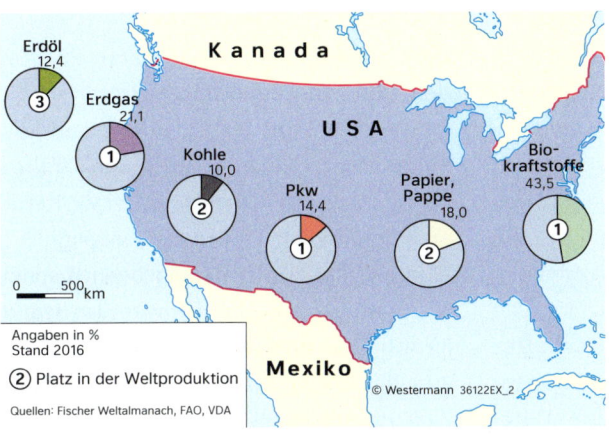

M4 *Anteile der US-Industrie an der Weltproduktion*

	2006	2016
BIP (Mrd. US-$)	12976	18625
BIP-Wachstum real (%)	2,7	1,5
Arbeitslosenquote (%)	4,6	4,9
Inflation (%)	3,2	1,3
Importe aus Deutschland (Mrd. US-$)	89	131
Handelsbilanzsaldo mit Deutschland (Mrd. US-$)	-48	-61

M6 *Wirtschaftsstatistik USA 2006 und 2016*

Daten für Länder mit höchstem BIP in Mrd. Dollar (2016)

USA	18569
China	11218
Japan	4938
Deutschland	3466
Großbritannien	2629
Frankreich	2463
Indien	2256
Italien	1850
Brasilien	1796
Kanada	1530

M5 *Länder mit dem höchsten BIP*

Daten für Unternehmen nach ihrem Börsenwert in Mrd. Dollar (2016)

Apple (Technologie)	754
Alphabet (Technologie)	579
Microsoft (Technologie)	509
Amazon (Konsumgüter)	423
Berkshire Hathaway (Finanzen)	411
Facebook (Technologie)	411
Exxon (Öl, Gas)	340
Johnson & Johnson (Gesundheit)	338
JP Morgan Chase (Finanzen)	314
Wells Fargo (Finanzen)	279

M7 *Wertvollste Unternehmen der Welt (2017) – alle USA*

ⓘ Handelsbilanzsaldo
kann positiv, negativ oder ausgeglichen sein und bezieht sich die Differenz der Werte von exportierten und importierten Waren in einem bestimmten Zeitraum (z. B. ein Jahr)

❸ Verfasse zum Thema „Die USA – weiterhin Weltwirtschaftsmacht?" eine Argumentation oder Argumentationskette und stelle sie deinen Mitschülerinnen und Mitschülern vor.

M1 *Kohleabbau in Wyoming, USA*

M5 *Boeing in Everett, Washington*

M7 *Pinterest-Mitarbeiterin in San Francisco*

Veränderung der Wirtschaftsstruktur

Verschiedene Faktoren trugen in den USA dazu bei, dass sie zur größten Wirtschaftsmacht der Erde aufsteigen konnten. Im Laufe des 20. Jahrhunderts setzte in den Vereinigten Staaten – wie in anderen Industrieländern der Erde auch – ein wirtschaftlicher **Strukturwandel** ein. Darunter wird die Umstellung von einer einseitigen Wirtschaftsstruktur (z. B. dominanter Bergbau) auf eine Wirtschaft, die von vielen Branchen getragen wird, verstanden.

Am Volkseinkommen BIP waren 2015 in den USA die Land- und Forstwirtschaft (primärer Sektor) mit einem Prozent, die Industrie (sekundärer Sektor) mit 20 Prozent und der Dienstleistungssektor (tertiärer Sektor) mit 79 Prozent beteiligt. Während der Dienstleistungsbereich somit wichtigster Arbeitgeber ist, wird der Bedarf an Arbeitskräften in der Industrie, im verarbeitenden Gewerbe, weiter zurückgehen. Eine Produktionssteigerung erfolgt über verstärkte Automatisierung, Robotereinsatz oder bessere Auslastung der Anlagen.

M2 *Wirtschaftssektoren*

M3 *Beschäftigung nach Sektoren 1840–2015*

M4 *Entstehung des Bruttoinlandsprodukts nach Sektoren*

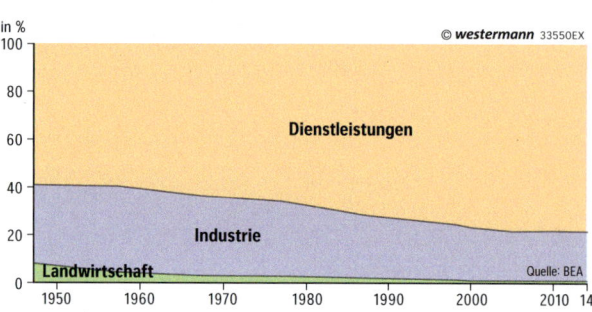

Wirtschaftsbereiche	USA in %	Deutschland in %
1. Bergbau	13,0	0,9
2. Baugewerbe	19,0	12,6
3. Energie-/Wasserversorgung	8,0	10,0
4. Verarbeitendes Gewerbe	60,0	76,5
Metallerzeugnisse	4,2	10,3
Maschinen	4,3	12,5
Computer, Elektronik	7,7	3,8
Kraftfahrzeuge	4,0	12,2
Andere Fahrzeuge	3,6	1,6
Nahrungsmittel, Tabak	7,0	5,8
Textilien, Bekleidung	0,5	0,9
Erdöl- und Kohleprodukte	4,9	0,6
Chemische/Pharmazeutische Erzeugnisse	10,3	8,0
Gummi-/Kunststoffwaren	2,1	3,7
Andere Güter	11,4	17,1

M6 *Bruttowertschöpfung des produzierenden Gewerbes in den USA (2014) und in Deutschland (2013)*

100800-214-03
schueler.diercke.de

Wirtschaftsräumliche Gliederung

Auf schmutziger Kohle gebettet oder von der Sonne verwöhnt? Diese Gegensätze spiegeln sich noch heute in der räumlichen Verteilung der Wirtschaftsstandorte in den USA wider. Abhängig zum Beispiel von den vorhandenen Bodenschätzen, den globalen Hauptschifffahrtsrouten (Anbindung an den weltweiten Exportmarkt), dem Klima und den vorhandenen Arbeitskräften haben sich unterschiedliche Wirtschaftsregionen entwickelt. Konzentrationspunkte der Industrie und des Dienstleistungssektors mit hoher Wirtschaftskraft wechseln mit fast rein agrarisch geprägten Regionen. Dies hat bis heute zu erheblichen räumlichen Disparitäten geführt.

Manufacturing Belt
Traditioneller Industriegürtel der USA, heute „Rust Belt" (Rost-Gürtel) genannt, älteste Industrieregion der USA auf der Basis von Eisenerz und Kohle, Eisen- und Stahlindustrie (Schwerindustrie vergleichbar mit dem Ruhrgebiet), Folgeindustrien: Maschinen- und Schiffbau, Automobilindustrie in Detroit und Toronto mit Zulieferern, Nahrungs- und Genussmittelindustrie (Basis: Agrarerzeugnisse aus dem Mittelwesten), heute auch Hightech-Hotspots

Sunbelt
„Sonnengürtel", kein durchgehender Wirtschaftsgürtel, einzelne Industrieregionen, wirtschaftliche Schwerpunkte: Rüstungsindustrie (Waffenherstellung), Hightech-Hotspots (Elektronik, Luft- und Raumfahrt, Biotechnologie, Medizin), Petrochemie (Basis: Erdöl, Erdgas der Golfküstenregion), Agrobusiness

Cascadia
„Kaskadenregion" (Kaskadenkette trennt die Küstenregion vom Binnenland); USA (Seattle, Vancouver): Holzindustrie, Aluminiumindustrie (Basis: Wasserkraft) mit angeschlossener Luft- und Raumfahrtindustrie, Hightech-Branche; Kanada (Edmonton, Calgary): chemische Industrie (Basis: Erdöl, Kohle)

Main Street Canada
Kanadas „Hauptstraße" der Industrie (entlang des Erie-, Ontariosees und des St.-Lorenz-Stromes, Aluminiumverhüttung, Fahrzeug- und Maschinenbau, Holzindustrie)

Industrieregionen

traditionelle Industrieregion (starkes Wachstum ca. 1870–1970)

junge Industrieregion (starkes Wachstum seit ca. 1970)

○ führender Hightech-Standort

Grenzen

—— Staat

—— Bundesstaat in den USA, Provinz oder Territorium in Kanada

M8 *Industrieräume der USA und Kanadas*

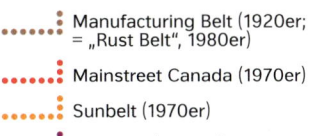

Industriegürtel (industrial belt concepts mit Jahrzehnt der ersten Erwähnung

•••• Manufacturing Belt (1920er; = „Rust Belt", 1980er)

•••• Mainstreet Canada (1970er)

•••• Sunbelt (1970er)

•••• Cascadia (1990er)

© **westermann** 33532

---

❶ Beschreibe den Begriff wirtschaftlicher Strukturwandel und erläutere denselben am Beispiel der USA.

❷ „Die USA sind geprägt durch große wirtschaftliche Disparitäten." Beurteile diese Aussage und erläutere Veränderungen.

M1 *Altes Stahlwerk in Cleveland*

M3 *Ingenieure im NASA Glenn Research Center, Cleveland*

Manufacturing Belt – wirtschaftlicher Strukturwandel

Seit den 1920er-Jahren war es in den USA üblich, wirtschaftlich zusammenhängende Räume als Belt zu bezeichnen. Zuerst wurden Namen für Landwirtschaftsregionen vergeben wie Cotton Belt. Später grenzte ein schwedischer Geograph einen großen Teil des Nordostens der USA aus und bezeichnete ihn als Manufacturing Belt (Industriegürtel).

Dieser entwickelte sich seit Ende des 19. Jahrhunderts auf der Grundlage von Eisenerz und Kohle sowie weiterer Standortfaktoren (M2) zur bedeutendsten Industrieregion Nordamerikas. Es siedelten sich hier insbesondere der Maschinen- und Fahrzeugbau, speziell die Autoindustrie (die „Big Three": General Motors, Ford und Crysler), die Elektroindustrie und die chemische Industrie an. Der wirtschaftliche Boom dauerte bis in die späten 1970er-Jahre. Danach begann der Niedergang des Manufacturing Belts zum „Rust Belt".

Zu lange hatte die Region auf Kohle, Eisen und Stahl gesetzt. Infolge neuer Technologien und Werkstoffe sowie veralteter Technik konnte z. B. die Autoindustrie nicht mehr konkurrenzfähig produzieren. Außerdem war es zu einem Überangebot an Stahl durch asiatische Staaten gekommen. Die Folge war, dass Tausende Arbeiter in der Stahl- und Automobilindustrie arbeitslos wurden und Städte der Region verödeten.

Ähnlich wie im Ruhrgebiet wurde versucht, dem entgegenzusteuern und einen wirtschaftlichen Strukturwandel einzuleiten. Durch verschiedene Maßnahmen wie Steuererleichterung und billige Kredite sollte insbesondere die Ansiedlung von Hightech- und Dienstleistungsbetrieben gefördert werden. So nehmen heute der medizinische Geräte- und Anlagenbau und Stahltechnologie-Cluster einen bedeutenden Platz in der wirtschaftlichen Struktur des Manufacturing Belts ein.

- große Zahl von billigen Arbeitskräften durch die vielen Einwanderer aus Europa, die vielfältige Erfahrungen mitbrachten (kreatives Potenzial)
- leicht abbaubare Lagerstätten von Kohle und Eisenerz
- Holzreichtum
- viel Wasserkraft
- günstige Handelsverbindungen über Häfen, Eisenbahnen und Straßen, Bau von Kanälen
- frühzeitige Innovationen, wie die von Ford entwickelte Fließbandarbeit (1913)
- große landwirtschaftliche Anbauflächen westlich des Manufacturing Belt
- Nähe zu Atlantischem Ozean und Großen Seen
- großer Absatzmarkt
- Riskobereitschaft von Kapitalgebern
- Investitionen in Forschung und Technologien

M2 *Die Standortgunst des Manufacturing Belt im 19. und frühen 20. Jahrhundert*

100800-214-03
schueler.diercke.de

Beispiel Detroit

[...] Detroit ist nicht irgendein Standort, der wie so viele andere Regionen mit überkommener Industrie massive Probleme mit dem Strukturwandel hat. Nein, Detroit ist die amerikanische Industriestadt schlechthin. Die Autobranche von Motown war jahrzehntelang der Motor des ganzen Landes. [...] Es gibt viele Gründe für den Niedergang, sie greifen ineinander: So hat sich die Bevölkerung der Stadt in den letzten 50 Jahren mehr als halbiert [...]. Mit der Zahl der Einwohner gingen auch die Steuereinnahmen zurück. Dazu die Krise der Automobilindustrie als wichtigstem Wirtschaftszweig [...].

Doch genau wie die amerikanische Automobilindustrie hat sich Detroit wieder berappelt. [...] Es sind neue Investoren aus anderen Branchen, private Initiativen, Künstler und Kreative, die für neues Leben sorgen und die Lichter in der Innenstadt wieder aufleuchten lassen.

M4 *Ruine eines ehemaligen Produktionsgebäudes – das Herz der US-amerikanischen Automobilindustrie schlägt heute in den Südstaaten.*

Thomas Geiger: Neue Töne aus Motown. www.welt.de, 09.01.2016 (gekürzt)

Beispiel Pittsburgh

[...] Mehr als ein Jahrhundert lang war Pittsburgh der Inbegriff für Aufstieg und Fall der amerikanischen Schwerindustrie. Pittsburgh war nicht Hightech, Pittsburgh war Lowtech: Hochöfen, speiende Schornsteine, Staublungen und Blicke aus hohlwangigen, rußverschmierten Gesichtern. [...] Als die Stahlindustrie zusammenbrach [...], wurde aus der Stahlstadt die Roststadt.

Wer heute nach Pittsburgh fährt, merkt davon nichts mehr. Jetzt ist die Luft über der Stadt mit ihren 446 Brücken frisch. Keine Schlote, kein Ruß, kein Rost in Sicht. Die Universitäten zählen zu den besten in den USA. [...] Disney, Apple, Intel, Google, Microsoft und Uber haben hier Büros angesiedelt, meist mit Forschungsabteilungen. Internationale Unternehmen eröffnen ihre US-Niederlassungen in Pittsburgh. [...] Die Stadt hat es von der Roststadt zur Startup- und Hightech-Metropole geschafft.

Kathrin Werner: Stadt aus Stahl. Süddeutsche Zeitung, 06.11.2015 (gekürzt)

M5 *Pittsburgh heute*

1. Beschreibe die Lage des Manufacturing Belts.

2. Vom Manufacturing Belt zum „Rust Belt". Erkläre.

3. Nenne Maßnahmen, die den Strukturwandel unterstützen. Vergleiche dabei die Entwicklung von Detroit und Pittsburgh.

Raumfahrt-industrie in Florida

Forschungslabor in Kalifornien

Erdölförderung in Texas

Facebook-Haupt-quartier im Silicon Valley/Kalifornien

M1 *Branchenvielfalt im Sunbelt*

www.lexas.de
(→ sunbelt)

Sunbelt – eine Wachstumsregion

Der Sunbelt ist ein Band mit städtischen Konzentrationen und zieht sich von San Francisco im Westen bis Miami im Osten. Mit der Krise im Manufacturing Belt und im Zuge der Tertiärisierung der US-amerikanischen Wirtschaft wurde der Sunbelt für viele Firmen ein wirtschaftlich attraktiver Standort. Standortvorteile gegenüber dem Manufacturing Belt waren unter anderem: große Seehäfen, niedrige Steuern, geringe Umweltauflagen, hoch motivierte Wissenschaftler aus den Universitäten, Subventionen, angenehmes Klima sowie ein hoher Freizeitwert. In diesen neuindustrialisierten Gebieten finden sich heute die Wachstumsbranchen der zweiten Hälfte des 20. Jahrhunderts: Erdölwirtschaft, Luft-, Raumfahrt- und IT-Industrie sowie Dienstleistungen verschiedenster Art.

Grenze des Sunbelts

Forschungs-zentrum und Hightech-Industrie

Luft- und Raumfahrttechnik

chemische Industrie

Dienstleistungs-zentrum mit internationaler Bedeutung

Stadt

Wirtschaftszentrum im Sunbelt

Grenzregion mit Beschäftigung billiger Arbeitskräfte

Erdölgewinnung und -verarbeitung

M2 *Sunbelt (Sonnengürtel) – Standort neuer und zukunftsträchtiger Industrien*

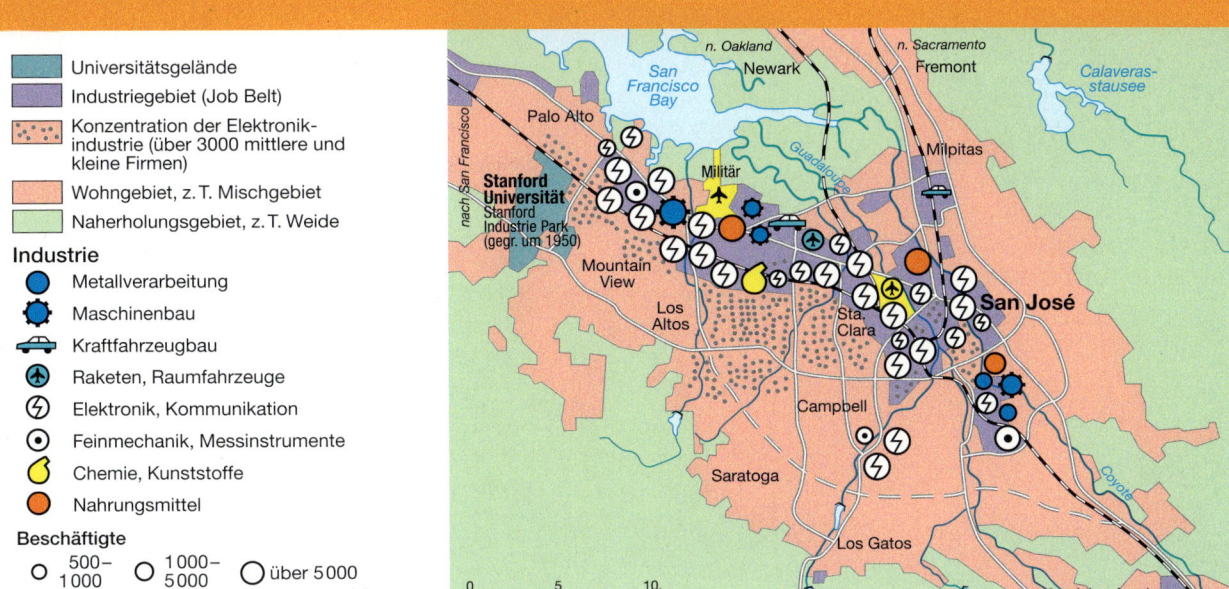

M3 *Wirtschaftsstruktur im Silicon Valley*

Legende (Karte):

- Universitätsgelände
- Industriegebiet (Job Belt)
- Konzentration der Elektronikindustrie (über 3000 mittlere und kleine Firmen)
- Wohngebiet, z.T. Mischgebiet
- Naherholungsgebiet, z.T. Weide

Industrie

- Metallverarbeitung
- Maschinenbau
- Kraftfahrzeugbau
- Raketen, Raumfahrzeuge
- Elektronik, Kommunikation
- Feinmechanik, Messinstrumente
- Chemie, Kunststoffe
- Nahrungsmittel

Beschäftigte

- 500–1000
- 1000–5000
- über 5000

94Ea_1

- niedrige Grundstückspreise und großes Flächenangebot (auch für Industrie)
- geringere Steuerlast
- niedrigere Bau- und Heizkosten
- milderes Klima mit großem Freizeitwert und erhöhter Sonnenscheindauer (Klimagunst)
- staatliche Subventionen zur Unternehmensansiedlung
- staatliche Förderung z.B. durch Rüstungsaufträge und Forschungsgelder
- stark wachsender Absatzmarkt
- Erdölvorkommen
- Arbeitnehmer sind selten gewerkschaftlich organisiert

M4 *Die Standortfaktoren des Sunbelt*

ℹ Silicon Valley

Das „Tal des Siliziums" ist die erfolgreichste Hightech-Schmiede der Welt. In den 1980er-Jahren wurden hier Mikrochips produziert. Das Material, Silizium, das zu ihrer Herstellung benötigt wird, gab dem Tal südlich von San Francisco seinen Namen. Heute hat sich die Produktion im Silicon Valley erweitert. So bieten Firmen wie HP oder Apple Produkte rund um den Computer und das Internet an.

In den letzten Jahren hat auch der Sunbelt mit Problemen zu kämpfen. Steigende Mieten, fehlende preiswerte Wohnungen und ein weiterhin hoher Zuzug wirken sich negativ auf die Region aus. Die Grundstückspreise steigen und die Infrastruktur ist überlastet. Bewohner mit unteren und mittleren Einkommen werden aus ihren bisherigen Wohnungen verdrängt. Hinzu kommt, dass die Wirtschaft im Silicon Valley weniger rasant wächst als zu Beginn des 21. Jahrhunderts. Hightech-Produkte aus Asien sind günstiger und der Markt ist zusehends damit gesättigt. Die Umweltauflagen für Unternehmen stiegen in den letzten Jahren deutlich an. Aus niedrigen Löhnen wurden hohe Gehälter, was zu einem Anstieg der Produktionskosten und einer Verteuerung der Produkte führt. Aber auch Naturgewalten, wie zum Beispiel Erdbeben und Hurrikans, gefährden dieses Gebiet.

M5 *Probleme im Sunbelt*

---

1 Erkläre die Aussage: „Als die Probleme im Manufacturing Belt zunahmen, wurde der Sunbelt für viele Unternehmen und Arbeitnehmer interessant."

2 Präsentiere in einem Kurzvortrag die Wirtschaftsregion Sunbelt. Gehe dabei auf die Entwicklung, typische Wirtschaftszweige und Probleme ein.

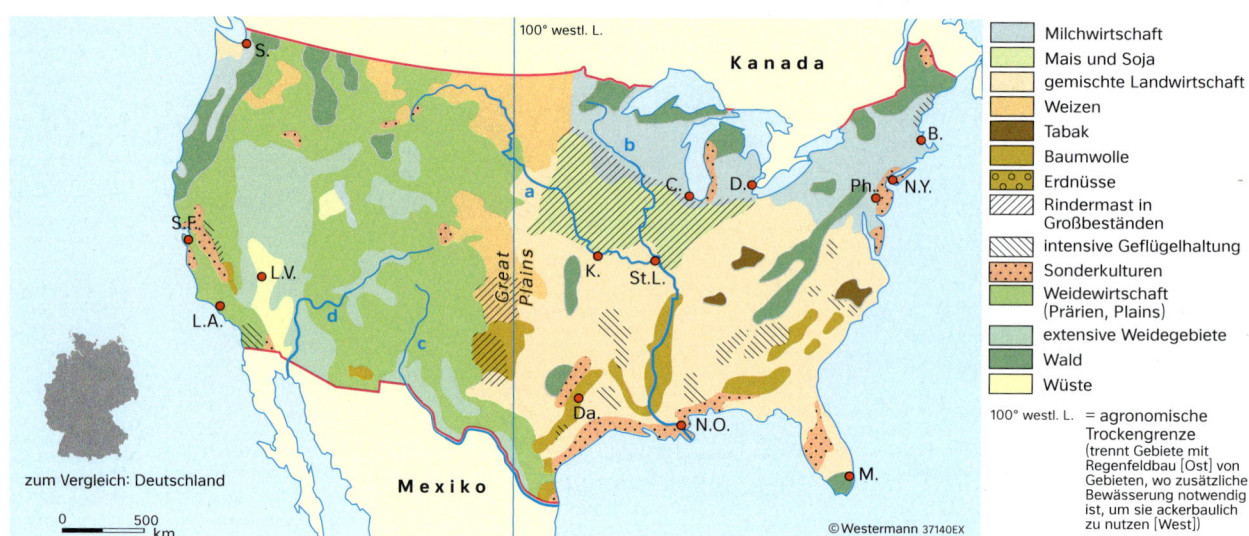

M1 *Landnutzung in den USA*

Der Agrargigant USA

Der größte Agrarraum der Welt befindet sich in den USA. 16 Prozent der Landesfläche wurden 2015 als Ackerland genutzt. Die Landwirtschaftsfläche von 157 Millionen Hektar ist größer als die gesamte Anbaufläche der Europäischen Union. Die USA versorgen sich mit den meisten Agrargütern selbst und sind auch ein wichtiger Exporteur vieler landwirtschaftlicher Produkte. Durch die großen klimatischen Unterschiede kann das Land jedoch nicht überall gleich genutzt werden.

www.nzz.ch
(→ Wo die USA noch Weltklasse sind)

Deshalb bildeten sich verschiedene Landnutzungsgürtel (Belts) heraus.

Das agrarische Kernland mit den besten Ackerbaugebieten in den USA befindet sich im Mittleren Westen, in den Great Plains. In den weiten Ebenen mit ihren fruchtbaren Böden kann mithilfe von Maschinen das Getreide besonders schnell geerntet werden. Die Motorisierung und Mechanisierung stellte im letzten Jahrhundert eine Revolution in der amerikanischen Landwirtschaft dar. Durch den intensiven Maschineneinsatz konnten immer mehr Flächen durch immer weniger Farmer bearbeitet werden. Viele Farmer wanderten infolgedessen in die Städte ab.

Heute bauen viele der verbliebenen Landwirte Monokulturen an. Diese müssen unter den gegebenen Klimaverhältnissen intensiv bewässert werden.

Aber auch gentechnisch verändertes Saatgut trägt zu den hohen Erträgen bei. Die staatlichen Subventionen sollen den Farmern zusätzlich einen stabilen Preis für ihre Produkte auf dem Weltmarkt garantieren.

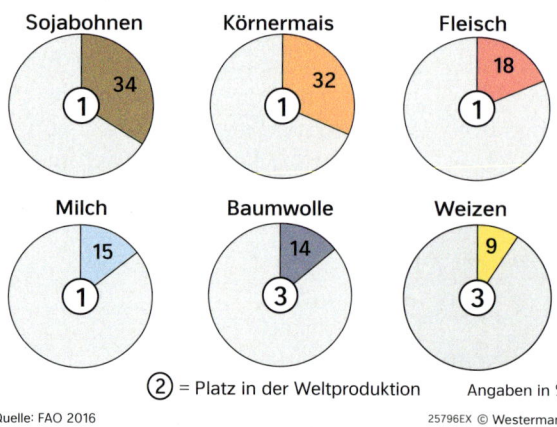

Quelle: FAO 2016
② = Platz in der Weltproduktion   Angaben in %
25796EX © Westermann

M2 *US-amerikanischer Anteil an der Weltproduktion 2016*

M3 *Feedlot zur Massentierhaltung von Rindern*

Landwirtschaft – Strukturwandel

Die Landwirtschaft in den USA hat sich in den letzten Jahrzehnten massiv verändert. Die klassische Farm, auf der auch Cowboys arbeiten, gibt es immer seltener. Vor allem die Masse der Produktion landwirtschaftlicher Güter wird heute in industrialisierter Form, in sogenannten **Factory Farms**, durchgeführt. Diese Art Landwirtschaft zu betreiben, wird als **Agrobusiness** bezeichnet. Die Größe der Farmen ist eine andere: Feedlots fassen bis zu 120 000 Tiere und Weizenfarmen mit 100 000 Hektar sind keine Seltenheit. Diese Form der Landwirtschaft wird geprägt durch Motorisierung, Mineraldünger, Pestizideinsatz, Bewässerung und Zuchtsaatgut.

Die Getreideproduktion und die Rindermast bilden die zwei Säulen der US-amerikanischen Landwirtschaft. Beide Produkte sind durch das Agrobusiness zur Massenware geworden.

ⓘ Agrobusiness
Organisations- und Produktionsform in der Landwirtschaft; Kennzeichen ist die Zusammenfassung aller Produktionsabläufe von der Herstellung über die Verarbeitung bis zur Vermarktung in einem Unternehmen.

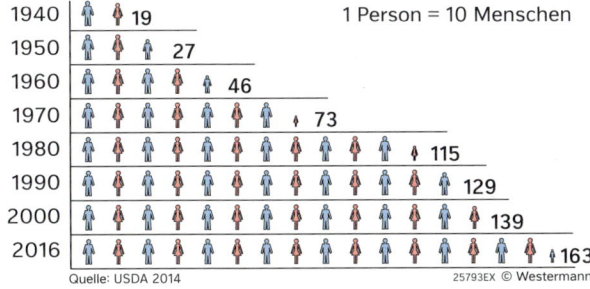

M4 *Anzahl der Menschen, die ein amerikanischer Landwirt ernährt*

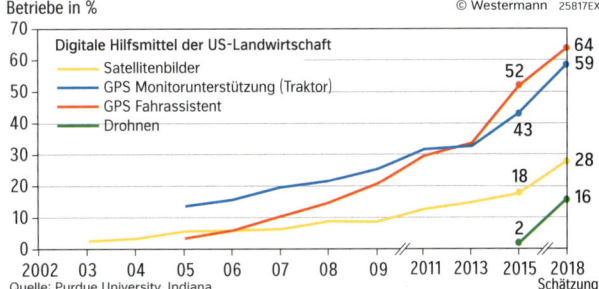

M5 *Entwicklung ausgewählter digitaler Hilfsmittel in der amerikanischen Landwirtschaft*

① Werte M1 aus und begründe (Atlas).

② Erläutere den globalen Stellenwert der Landwirtschaft der USA.

③ Beschreibe den Strukturwandel der US-Landwirtschaft und beziehe dabei den Begriff Agrobusiness ein.

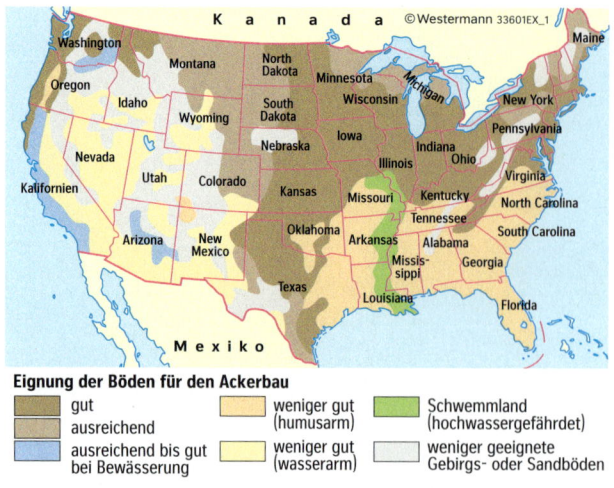

Eignung der Böden für den Ackerbau

- gut
- ausreichend
- ausreichend bis gut bei Bewässerung
- weniger gut (humusarm)
- weniger gut (wasserarm)
- Schwemmland (hochwassergefährdet)
- weniger geeignete Gebirgs- oder Sandböden

M1 *Böden in den USA*

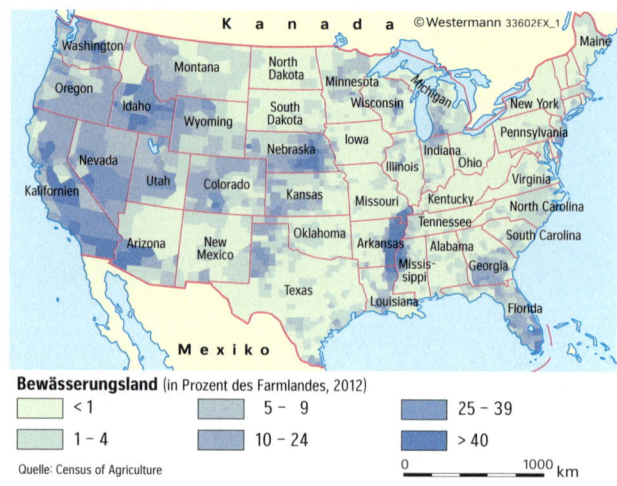

Bewässerungsland (in Prozent des Farmlandes, 2012)

- < 1
- 1 – 4
- 5 – 9
- 10 – 24
- 25 – 39
- > 40

Quelle: Census of Agriculture

0   1000 km

M3 *Bewässerung in den USA*

Die Great Plains – fruchtbar, aber trocken

In den Steppen der USA gibt es größtenteils fruchtbare Lössböden. Sie sind eine Grundlage dafür, dass sich die Great Plains zur „Kornkammer der USA" entwickeln konnten. Mit viel Geld und unter Einsatz großer Maschinen haben die Farmer die weiten Grasländer in Ackerland umgewandelt. Die Erträge hängen von der Niederschlagsmenge ab.

Die starken Niederschlagsschwankungen sind seit jeher ein großes Problem in den Great Plains. Je weiter man sich den Rocky Mountains nähert, desto geringer und unzuverlässiger ist der Niederschlag. Es herrscht oft Dürre und der Wind hat „freie Bahn".

Oft können Tonnen fruchtbaren Bodens vom Wind weggeblasen werden.

Gegen die Dürre setzten die Farmer Grundwasser ein. Dadurch wurde der Anbau von Futterpflanzen, vor allem Mais, möglich. Heute sind die Great Plains nicht nur führend in der Getreide-, sondern auch in der Fleischproduktion.

gutes Farmland	+	anpassungsfähige Farmer	+	viel Geld	+	Bewässerung	=	ertragreiche und intensive Landwirtschaft
Voraussetzung für den Anbau sind gute Böden, die durch Düngen noch verbessert werden.		Die Farmer müssen sich auf das Wetter und die Wünsche ihrer Kunden einstellen.		Verbilligte Kredite und andere Vergünstigungen werden den Farmern von den Banken und dem Staat gewährt.		Zusätzliches Bewässerungswasser zum Niederschlagswasser ist eine Voraussetzung für hohe Erträge.		Das Land ist die Kornkammer Amerikas und ein weltweites Zentrum der Weizenproduktion.

© Westermann 9006EX_6

M2 *Voraussetzungen einer produktiven Landwirtschaft in den Great Plains*

❶ Analysiere den Geofaktor Boden.

❷ Vergleiche die landwirtschaftliche Nutzung westlich und östlich von 100° w. L. Begründe deine Feststellungen.

❸ Zeige Probleme auf, die der Ackerbau in den Great Plains mit sich bringt und erläutere Lösungsmöglichkeiten.

100800-209-05, 220-01
schueler.diercke.de

M4 *Los Angeles Aquädukt*

M5 *Versalzung auf kalifornischen Feldern*

„Früchtegarten" der USA

In Kalifornien werden auf drei Prozent der Anbaufläche der USA ca. 55 Prozent des erzeugten Obstes und Gemüses geerntet. Das Klima ermöglicht zwei bis drei Ernten im Jahr, aus Mexiko kommen billige Arbeitskräfte und es besteht die Möglichkeit einer intensiven Bewässerungswirtschaft. Wichtigstes Anbaugebiet ist das Kalifornische Längstal. Es hat die Form einer 800 km langen Wanne. Der Sacramento River durchfließt das Tal im Norden, der San Joaquin River im Süden.

Hier liegt das Zentrum der kalifornischen Landwirtschaft. Grundlage dafür ist eine gut ausgebaute Bewässerungswirtschaft. Ohne Bewässerung wären große Teile des Kalifornischen Längstals Wüste. Reichliche Niederschläge fallen in der Sierra Nevada. Von dort wird das Wasser über Pipelines in Bewässerungskanäle geleitet. Riesige Pumpen sorgen dafür, dass in jeder Minute 7,5 Millionen Liter Wasser hierher gelangen.

An der Grenze zu Mexiko liegt das Imperial Valley, ein zweites wichtiges Landwirtschaftsgebiet.

Probleme der Wasserversorgung

Die Umverteilung des Wassers blieb aber nicht ohne Folgen. Dort, wo Grundwasser entnommen wurde, fehlte es im Untergrund, um die Gesteinsschichten zu stützen. Durch das Abpumpen entstanden Hohlräume, sodass sich die Landoberfläche über viele Meter absenkte (M6).

Das mineralreiche Grundwasser wird für die Bewässerung der Ackerflächen genutzt. Verdunstet das Wasser durch die Sonneneinstrahlung, bleiben oft Salzkristalle zurück. Häufen sich diese im Boden, können sie von den Pflanzen nicht mehr aufgenommen werden. Es bilden sich Salzkrusten (M5). Sie machen den Boden unfruchtbar. Infolge dessen brechen auf diesen Flächen die Erträge ein. Eine teure Sanierung der Flächen wird z. T. notwendig.

M6 *Absacken des Bodens im San-Joaquin-Tal*

4 Erläutere die Notwendigkeit für die Landwirtschaft in Kalifornien, große Bewässerungssysteme anzulegen (Atlas).

5 Begründe Probleme der Bewässerungswirtschaft und formuliere Lösungsmöglichkeiten.

Katrina Gilmore arbeitet in einem Fast-Food-Restaurant im Zentrum von Las Vegas. Sie bekommt 7,63 US-Dollar in der Stunde. Die 19-Jährige hat keine Wahlmöglichkeiten, denn als Schulabbrecherin hat sie nur einen Job als unqualifizierte Hilfskraft bekommen. Noch lebt sie bei ihren Eltern, da sie sich eine eigene Wohnung nicht leisten kann. Sie hofft allerdings auf eine Ausbildungsmöglichkeit innerhalb der Fast-Food-Kette und dann auf einen besseren Verdienst.

Teresa Gomez, 36, ist von Beruf Krankenschwester. Sie arbeitete in einem Pflegeheim für Senioren in der Nähe von Portland, Oregon, täglich von 22.30 Uhr bis 7.00 Uhr. Dafür bekam sie 9,32 US-Dollar in der Stunde bezahlt. In ihrem Job war sie nicht krankenversichert. Das musste sie extra bezahlen. Deshalb kündigte sie und nahm eine Arbeit in einer Pflegeeinrichtung für behinderte Menschen an, wo sie in der Stunde 68 Cent mehr verdient. Damit kommt sie etwas besser über die Runden.

In New York City arbeitet der 41-Jährige Malcolm Brown tagsüber als Automechaniker. Er verdient mit 21,50 US-Dollar pro Stunde eigentlich ganz gut. Sein Sohn Jason hat eine chronische Krankheit und die monatliche Versicherung für 640 US-Dollar deckt bei weitem nicht alle Kosten für die Therapie ab. Obwohl auch seine Frau Sandy arbeitet, musste Malcolm einen zweiten Job als Sicherheitsmann in einem Bankgebäude in Manhattan annehmen, wo er zwei Mal in der Woche im Nachtdienst arbeitet.

M1 *Berufsbilder im US-amerikanischen Dienstleistungbereich*

Dienstleistungsgesellschaft USA

Die Entwicklung der einzelnen Wirtschaftsbereiche in den USA zeigt seit 1940 die deutliche Tendenz zur Dienstleistungs- und Wissensgesellschaft.

Unter dem Begriff Dienstleistung werden Berufe und Tätigkeiten zusammengefasst, die im Vergleich zur Landwirtschaft und Industrie keine sichtbaren und anfassbaren Güter produzieren. Sie erbringen immaterielle Leistungen, die oft nur gedruckt werden können oder elektronisch vorliegen.

Die Unternehmen des Dienstleistungsbereichs sind daher in der Regel selten standortgebunden. Wichtig sind direkte Kontakte oder Datenleitungen sowie qualifizierte Arbeitnehmer.

Die entsprechenden Einrichtungen konzentrieren sich meist in städtischen Ballungsräumen. Durch zunehmend schnelle Datenleitungen ist jedoch eine Tendenz zur Dezentralisierung zu erkennen.

Der Dienstleistungssektor in den USA umfasst zahlreiche Berufe, bei denen sehr große Unterschiede hinsichtlich des Einkommens, aber auch der notwendigen beruflichen Qualifikationen bestehen. Gerade die Jobs im Bereich der einfachen Dienstleistungen werden häufig so gering entlohnt, dass sie nicht zur Existenzsicherung ausreichen. Immer mehr Amerikaner gehören zu den sogenannten „working poor". Um ihren Lebensunterhalt zu sichern, müssen sie häufig mehreren Jobs gleichzeitig nachgehen (M1).

ⓘ **Tertiärisierung**
Zunahme der Arbeitsplätze im Dienstleistungsbereich, Abnahme dagegen im Bergbau, in der Land- und Forstwirtschaft sowie der Industrie;
Anteil des tertiären Sektors am BIP der USA rund 80 % (2016)

❶ Nenne Standortfaktoren für den tertiären Sektor.

❷ Analysiere die Entwicklung des tertiären Sektors in den USA.

Las Vegas

Die USA gelten weltweit als Dienstleistungsparadies.

Einer der weltweit größten Tourismusmagnete ist die in der Wüste Nevada gelegene Stadt Las Vegas. Ihre Entwicklung begann 1931, als das Glücksspiel im Bundesstaat Nevada erlaubt wurde.

Heute lockt Las Vegas seine Gäste nicht nur mit dem Glücksspiel. Shows mit weltbekannten Künstlern, Weltmeisterschaften im Boxen und unkomplizierte Eheschließungen ziehen zusätzlich Touristen an. Rund die Hälfte der weltgrößten und auch teuersten 20 Hotels befindet sich in Las Vegas. Eines davon ist der Hotelkomplex „The Venetian" mit über 6000 Suiten und rund 10000 Angestellten. Die Baukosten betrugen etwa 2,1 Milliarden Euro. Das Hotel soll die Touristen mit einem Themenpark aus prächtigen Palästen, bekannten Plätzen, Wasserstraßen und Brücken in die berühmte italienische Stadt Venedig an der Adria versetzen.

M2 *Blick auf Las Vegas bei Nacht*

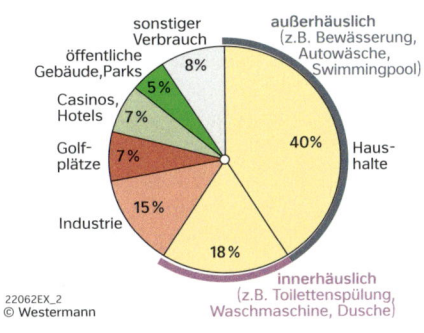

M3 *Las Vegas: Wasserverbrauch nach Bereichen*

www.planet-wissen.de
(→ Las Vegas)

www.welt.de/
wissenschaft/artic-
le130194539

Wasserprobleme

Seit mehr als zehn Jahren wird Las Vegas von Trockenheit geplagt. Gegenmaßnahme ist, dass überall dort, wo es möglich ist, der Wasserhahn zugedreht und verbrauchtes Wasser, ob aus der Dusche oder Toilette, recycelt wird. Auch die Hotels beteiligen sich daran. Seit zehn Jahren spüren Wasser-Cops in der Stadt undichte Stellen wie falsch eingestellte Sprinkleranlagen, tropfende Springbrunnen und fehlerhafte Sanitärtechnik auf. Denn mit 446 Litern pro Tag verbraucht ein Einwohner von Las Vegas fast dreimal so viel wie ein Deutscher.

M4 *Ein städtischer „Wasser-Polizist" kontrolliert eine laufende Bewässerungsanlage in einem Vorgarten von Las Vegas.*

3 Beschreibe die Lage von Las Vegas und analysiere die Standortfaktoren für die Gründung und Entwicklung der Stadt.

4 Begründe die Notwendigkeit, den Wasser- und Stromverbrauch zu verringern. Beziehe den Lake Mead ein (Internet).

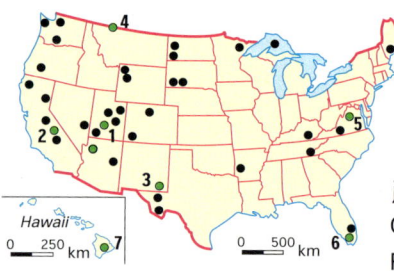

M1 *Nationalparks in den USA*

Reiseland USA

Der Tourismus ist ein wichtiger Bereich des Dienstleistungssektors in den USA. Millionen Menschen bereisen jährlich vor allem die großen Städte im Osten und Westen sowie die Halbinsel Florida. Eine bekannte Touristenstraße der USA ist die Historic-Route 66, die erste Ost-West-Verbindung des Landes. Sie besteht nur noch in Teilabschnitten. Auf ihr zogen in den 1940er-Jahren Tausende Menschen an die Westküste, um dort ihr Glück zu finden.

Einen regelrechten Besucheransturm erleben die Attraktionen des Naturraumes.

Um die faszinierenden Naturlandschaften zu schützen, wurde die Nationalparkidee geboren.

Nationalparks befinden sich in Staatsbesitz. Vielfältige Interessenkonflikte treten auf, da in ihnen der Abbau von Bodenschätzen, der Holzeinschlag und die Jagd untersagt sind. Nur ein Teil des jeweiligen Schutzgebietes ist Besuchern zugänglich und für sie gelten strikte Verhaltensregeln.

Der weltweit erste Nationalpark entstand 1872 in den USA: der Yellowstone National Park.

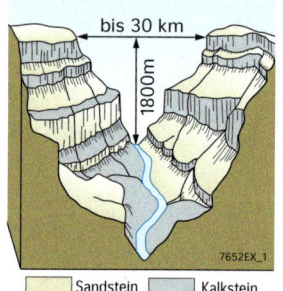

M2 *Profil durch den Grand Canyon*

Wir haben einen der zahlreichen Aussichtspunkte am Rande des Grand Canyon erreicht und blicken in einen gähnenden Abgrund. Hier hat sich der Colorado-Fluss auf einer Länge von rund 450 Kilometern seit zehn Millionen Jahren, als sich das Gebiet langsam herauszuheben begann, bis zu 1 800 Meter tief in die Gesteinsschichten des Plateaus eingeschnitten. Wir blicken auf senkrecht abfallende Felswände, Schutthänge, Kegel und Säulen, die gelb, rosa, grün, grau, rot und blau gefärbt erscheinen. Beim Abstieg in den Canyon durchqueren wir an einem Tag viele Jahrmillionen Erdgeschichte bis in die Erdaltzeit hinein. Seit 1979 ist der Grand Canyon als Weltnaturerbe klassifiziert.

M3 *Beispiel: Grand Canyon*

www.süddeutsche.de/thema/USA

www.Planet-wissen.de
(→ Nationalparks USA und Hawaii)

❶ Gestalte eine virtuelle Exkursion durch einen Nationalpark. Beachte auch das Konfliktpotenzial.

❷ Erläutere die Nationalparkidee und die Aussage: „Der Grand Canyon ist ein Tagebuch der Erdgeschichte".

100800-221-07
schueler.diercke.de

② Death-Valley-Nationalpark
Das „Tal des Todes" ist eines der trockensten Gebiete der Erde und ein Hitzepol. Hier befindet sich der tiefste Punkt Nordamerikas (-86 m NN). Eine Besonderheit sind die wandernden Felsen.

③ Carlsbad-Caverns-Nationalpark
Die Besonderheit erschließt sich dem Besucher erst unter Tage: 83 Tropfsteinhöhlen, darunter die weltweit größten unterirdischen Räume sowie die tiefste bekannte Höhle (487 m unter der Erdoberfläche).

④ Glacier-Nationalpark
Diese Landschaft in den Rocky Mountains ist seit 1995 UNESCO-Weltnaturerbe. Die einst durch 150 Gletscher gekennzeichnete Region wird jedoch vermutlich bis 2030 komplett gletscherfrei sein.

⑤ Shenandoah-Nationalpark
Zahlreiche Flüsse, Wasserfälle und dicht bewaldete Kammbereiche prägen das geschützte Gebiet in den Appalachen. Auf dem 170 km langen Skyline Drive kann man durch den gesamten Nationalpark fahren.

⑥ Everglades-Nationalpark
Einzigartiges Feuchtgebiet, das heute zu 2/3 landwirtschaftlich genutzt wird. Durch Trockenlegung, Ölbohrungen im Golf von Mexiko und den Klimawandel sind die Everglades stark gefährdet.

⑦ Hawaii Volcanoes-Nationalpark
Er liegt auf der Hauptinsel Hawaii (Big Island) und beheimatet den aktivsten Vulkan der Erde, den Kilauea. Das Gebiet ist auch ein heiliger Platz der hawaiianschen Ureinwohner.

M4 *Weitere Beispiele von Nationalparks*

❸ Beweise die Aussage: „Die Everglades sind einzigartig und gefährdet." (Internet)

❹ Die Inselkette von Hawaii ist durch einen Hotspot entstanden. Erkläre. Beschreibe Tourismusziele.

KLASSENARBEIT

Thema: Die USA – eine Wirtschaftsmacht
(Arbeitszeit: 45 min, mit Atlasnutzung)

1. Prüfe, ob die folgenden Aussagen richtig sind. Kreuze an und berichtige die Fehler.

Nr.	Aussage	richtig	falsch
1	Die USA bestehen aus einer Vielzahl ethnischer Gruppen.		
2	Die Bevölkerung der USA konzentriert sich im Mittelwesten.		
3	Die Hauptstadt der USA ist New York.		
4	Die indianischen Ureinwohner bezeichnen sich als Native Americans.		
5	Ein Beispiel für eine Global City ist Las Vegas.		

2. Die drei Diagramme veranschaulichen die Anteile der Wirtschaftssektoren am BIP der Länder Indien, Tschad und USA.

Ordne die Diagramme den entsprechenden Ländern zu. Begründe.

Landwirtschaft

Industrie

Dienstleistungen

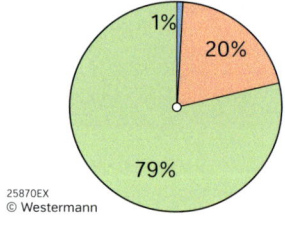 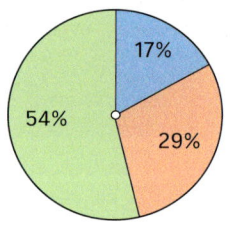 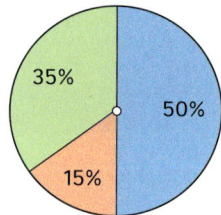

25870EX
© Westermann

Quelle: Der neue Fischerweltalmanach 2018

_____ _____ _____

Wähle zwischen der Aufgabe 3.1 und 3.2 aus:

3.1 a) Nenne Ursachen, weshalb sich der Manufacturing Belt zum „Rust Belt" entwickelte.

b) Erläutere den dort eingeleiteten wirtschaftlichen Strukturwandel.

oder

3.2 „Heute gibt es 2 Mio. Farmen (1935 noch 7 Mio.). Die Anzahl der Farmen wird weiter reduziert, dafür steigt die Farmgröße. Die Farmgröße hat sich in den vergangenen 50 Jahren verdreifacht. Große Farmen haben heute > 3000 ha."
Erläutere die beschriebene Entwicklung.

4. Du möchtest eine Internetfirma gründen. Entscheide dich für einen Standort in den USA und erkläre deine Standortwahl.

5. „Seit Kalifornien existiert, gibt es einen Kampf ums Wasser. Rapide wachsende Riesenstädte wie Los Angeles oder die Gegend um San Francisco brauchen und verbrauchen immer mehr. Die Landwirtschaft, so betont die mächtige Agrarlobby, benötige das Wasser hingegen selbst, um die Nation mit Lebensmitteln zu versorgen."
Helmut Werb: In Kalifornien tobt der Krieg ums Wasser längst. www.welt.de, 06.08.2015
Stelle Zusammenhänge zwischen Geo- und Humanfaktoren dar, die die problematische Wasserversorgung in Kalifornien kennzeichnen.

Erwartete Schülerleistungen

Aufgabe	AFB	Punkte	nachzuweisende Kompetenzen
1	I	5	richtig sind die Aussagen 1 und 4; Berichtigungen für 2: v. a. NO-Küste, 3: Washington, 5: New York
2	I/II	3 6	USA – Indien – Tschad – USA: Industrieland, eigentlich postindustriell (hoher Anteil an Dienstleistungen); leistungsfähige Landwirtschaft, aber Anteil im Verhältnis zu anderen Sektoren gering – Indien: Schwellenland; noch hoher Anteil an Landwirtschaft – Tschad: Entwicklungsland, hoher Anteil an Landwirtschaft
3.1 a)	I	3	– sinkende Nachfrage nach Stahl und Eisen, Kunststoff verdrängt Eisen als Werkstoff; veraltete Technologien; billige Konkurrenz aus Fernost
3.1 b)	II	3	Steuererleichterungen/Kreditvergabe, Ansiedlung von Startup- und Hightech-Unternehmen, Ausbau des Dienstleistungssektors
oder 3.2	I/II	6	– hochindustrialisierte Landwirtschaft → große Flächen – Dünger, Maschinen, Bewässerung kosten viel Geld → für Kleinfarmer nicht finanzierbar → produzieren nicht konkurrenzfähig → Abwanderung in die Städte – Agrobusiness → Export vieler landwirtschaftlicher Produkte
4	II	6	Standortwahl: Sunbelt qualifizierte Fachkräfte, Nähe zu Universitäten; großer Absatzmarkt; niedrigere Steuern als im Manufacturing Belt; gute Freizeitmöglichkeiten (Klimagunst); geringe Umweltauflagen, Subventionen; gute Infrastruktur (Häfen, Flughäfen, Highways)
5	III	6	*Beispiele für Zusammenhänge:* subtropisches Klima → Anbau von Wein, Tomaten, Zitrusfrüchten; Trockenheit v. a. im Sommer → Bewässerung; Wasserentnahme → Veränderungen im Abfluss der Flüsse, Absenken des Grundwasserspiegels; hohe Verdunstung → Versalzung, Verringerung der Bodenfruchtbarkeit
Punkte		32	

AFB I : AFB II : AFB III = (11 RP) ≈ 34 % : (15 RP) ≈ 47% : (6 RP) ≈ 19 %

Kompetenz-Check

Hier sind die Kompetenzen aufgeführt, die du in diesem Kapitel erwerben konntest.

Schätze deinen erreichten Stand der Kompetenzentwicklung selbst ein:

😃 sehr gut   🙂 gut   😐 befriedigend   🙁 mangelhaft

Ich kann ...	😃	🙂	😐	🙁	Noch unsicher? Schlage nach auf S. ...
... die globale Bedeutung der USA erörtern und darüber sachlogisch argumentieren.					48, 56/57, 64
... die Merkmale des American Way of Life diskutieren.					49
... Ursachen und Folgen der Bevölkerungszusammensetzung erklären.					50–52
... die Verteilung der Bevölkerung und die hohe Verstädterung mithilfe von Karten und Kartogrammen analysieren.					53–55
... Veränderungen der Wirtschaftsstruktur und der wirtschaftsräumlichen Gliederung der USA beschreiben.					58/59
... den Strukturwandel im Manufacturing Belt und Sunbelt analysieren und erklären.					60–63
... das Naturraumpotenzial für die landwirtschaftliche Nutzung bewerten.					64, 66
... Agrobusiness als dominierende Form der landwirtschaftlichen Produktion erörtern.					65–67
... die USA als Dienstleistungsgesellschaft kennzeichnen.					68
... den Tourismus als Natur- und Wirtschaftsfaktor bewerten.					69–71

3 Australien/Ozeanien – Möglichkeiten und Grenzen der Raumnutzung

In diesem Kapitel erwirbst du folgende Kompetenzen und wendest diese an:

– die Lage Australiens und Ozeaniens und ihre Gliederung beschreiben,

– den Raum Australien oder Ozeanien unter einer Leitfrage analysieren, dabei verschiedene Materialien und Medien nutzen,

– Profilskizzen auswerten und anfertigen,

– Wechselwirkungen zwischen Geo- und Humanfaktoren in Beziehungsgeflechten darstellen,

– Grenzen der Raumnutzung analysieren und begründen.

M1 *Großes Foto: Blick auf Sydney, die bevölkerungsreichste Stadt Australiens; kleines Foto: Französisch-Polynesien*

Willkommen auf dem „nassen" Kontinent

75

M1 *Grafiken*

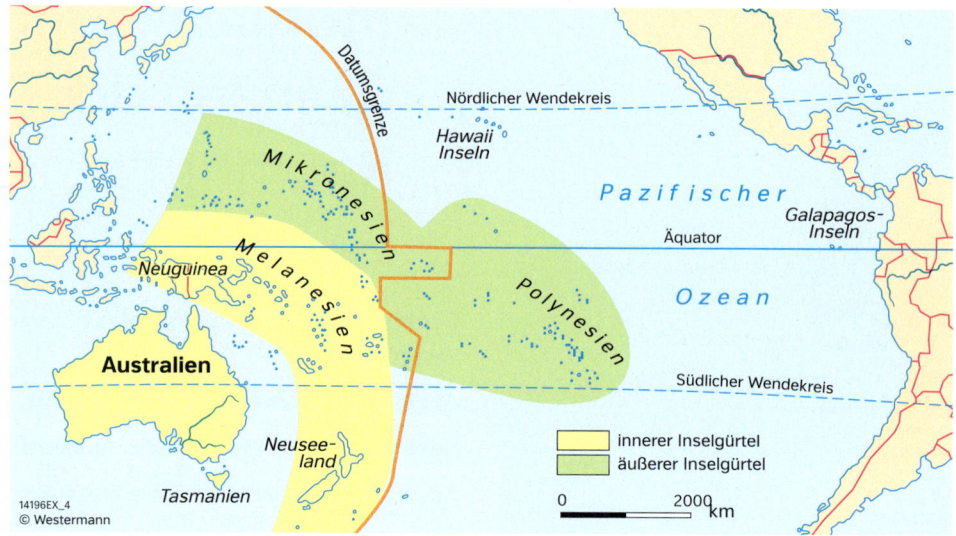

M2 *Australien/Ozeanien*

Australien/Ozeanien – „Sehnsucht Südland"

Bis in das Zeitalter der großen Entdeckungen hinein vermutete man auf der Südhalbkugel einen Erdteil gewaltigen Ausmaßes und Reichtums. Dieser wurde auf Karten des 16./17. Jahrhunderts als „terra australis incognita", unbekanntes Südland, bezeichnet.

Erst die drei Weltumsegelungen des Briten James Cook von 1768 bis 1780 erbrachten die Erkenntnis, dass im Süden die Kontinente Australien und Antarktika sowie tausende kleine Inselgruppen liegen.

Es folgte eine Zeit der Eroberung und Kolonisierung durch die Europäer mit einer Unterdrückung der indigenen Bevölkerung.

Heute befinden sich in der Großregion Australien/Ozeanien 14 souveräne Staaten mit ca. 40 Mio. Einwohnern; die größten sind Australien, Papua-Neuguinea und Neuseeland, die kleinsten Nauru und Tuvalu. Sie bieten aufgrund unterschiedlichster natürlicher Bedingungen vielfältige, aber auch begrenzte Möglichkeiten für das Leben und Wirtschaften.

Die Region weckt aber auch Sehnsüchte: Sonne, exotische Tier- und Pflanzenwelt, Naturattraktionen, Ureinwohner mit Körperbemalung, Bumerang, Didgeridoo. Deshalb ist sie ein begehrtes Reise-, Arbeits- oder Auswanderungsziel.

Geofaktoren	Humanfaktoren
• Relief	• Bevölkerung
• Klima	• Wirtschaft (Landwirtschaft, Industrie, Dienstleistungen)
• Wasser	
• Boden	• Verkehr
• geologischer Bau	• Kultur
• Bios (Vegetation, Tierwelt)	• Geschichte

M3 *Faktoren für eine Raumanalyse*

❶ Ordne den Raum Australien/Ozeanien lagemäßig ein. Ordne die Grafiken von M1 zu.

❷ Führe eine Raumanalyse zu Australien oder Ozeanien unter Nutzung der Schrittfolge durch.

  100800-198, 199
schueler.diercke.de

Die Raumanalyse – ein Raum unter der Lupe

Es gibt verschiedene Gründe, sich über geographische Räume zu informieren, zum Beispiel, um das Aussehen von Landschaften, die Ausprägung von Klima und Vegetation, die Bevölkerungsverteilung oder die Auswirkungen des wirtschaftlichen Strukturwandels zu verstehen.

Auch aktuelle Ereignisse oder die Planung einer Reise wecken häufig die Neugier, mehr zu erfahren. Die Raumanalyse ist eine Methode, ein Land, eine Region oder eine Landschaft umfassend zu untersuchen.

In unserem Fall sind es Australien oder Ozeanien, deren Individualität und ihre unverwechselbaren Merkmale herausgearbeitet werden sollen.

Um eine Raumanalyse sinnvoll durchführen zu können, ist zu Beginn eine Fragestellung, die Leitfrage, zu formulieren. Diese muss Wesentliches umfassen und mehrere Merkmale des Raumes herausstellen. Die Auswahl der raumprägenden Faktoren ist von ihr abhängig.

Das Erkennen und Verstehen von Ursachen und Zusammenhängen erfordert das Untersuchen der Wechselbeziehungen zwischen den Faktoren.

Auch die Zeitspanne, in der es zur Raumentwicklung kam, sowie Kenntnisse der historischen Entwicklung müssen häufig einbezogen werden. Dazu benötigt man einen „dreifachen geographischen Blick": Was war? Was ist? Was wird sein?

www.lernhelfer.de/
(→ Die Entdeckung Ozeaniens durch James Cook)

So gehst du vor

1. Analyse vorbereiten
Wähle den Raum aus.
Formuliere eine Leitfrage, unter der der Raum analysiert werden soll.
Wähle notwendige Materialien aus und lege die Vorgehensweise fest.

2. Raumwahrnehmung und -orientierung
Grenze den Raum ab, beschreibe seine geographische Lage sowie Lagebeziehungen.
Ordne ihn in unterschiedliche Ordnungssysteme ein (z.B. Gradnetz, Kulturraum, Klimazone, Vegetationszone, Plattentektonik).

3. Raumausstattung
Ermittle die raumprägenden Geo- und Humanfaktoren.
Analysiere die einzelnen Faktoren.

4. Raumverflechtung
Stelle Zusammenhänge/Wechselwirkungen zwischen Merkmalen der Geo- und Humanfaktoren her.

5. Raumnutzung und -belastung
Erkläre die Raumstrukturen und die Belastungen des Raumes durch die unterschiedliche Nutzung. Beachte dabei die Leitfrage.

6. Raumveränderung und -gestaltung
Formuliere Maßnahmen/Empfehlungen für eine veränderte Nutzung bzw. für die Gestaltung des Raumes unter dem Aspekt der Nachhaltigkeit.

7. Ergebnisse darstellen und präsentieren sowie reflektieren
Erarbeite eine Präsentation. Verwende verschiedene Präsentationsformen und Medien.
Reflektiere den Weg der Erkenntnisgewinnung.

Australien: Warum setzen der Naturraum und große Entfernungen dem Leben und Wirtschaften Grenzen?

Ozeanien: Warum führen die weit verstreute Lage der Inseln und deren Kleinheit zu begrenzten Nutzungsmöglichkeiten?

M4 *Leitfragen für eine Raumanalyse*

Australien
Fläche: 7,69 Mio. km²
Einwohner: 24,1 Mio.
Bev.dichte: 3 Ew./km²
Stadtbevölkerung: 90 %
Hauptstadt: Canberra
                   (0,43 Mio. Ew.)
BIP: 1205 Mrd. US-$
Länderkennzeichen: AU

M1 *Steckbrief (2016)*

Kontinent und Land zugleich

Australien liegt als einziger bewohnter Erdteil in seiner Gesamtheit auf der Südhalbkugel. Er ist der europafernste und zugleich kleinste Kontinent, auf dem sich nur ein Staat gleichen Namens befindet. Australien weist wie Afrika eine einfache Küstengliederung auf. Seine größte Insel ist Tasmanien, wobei der Nordostküste die gewaltigsten Korallenbauten der Erde, das Große Barriereriff, vorgelagert sind.

Späte menschliche Besiedlung

Erst vor ca. 45 000 bis 65 000 Jahren, während der letzten Eiszeit, kamen die Aborigines (lat: ab origines = von Anfang an) vermutlich über eine Landbrücke von Südostasien aus nach Australien.
Der Meeresspiegel lag damals bis zu 250 Meter tiefer als heute, sodass die Landmasse mit Flößen und Einbäumen vermutlich erreichbar gewesen ist.
Holländische Seefahrer erreichten um 1600 Australien, aber erst die Engländer errichteten 1788 an der klimatisch begünstigten Ostküste eine Sträflingskolonie.

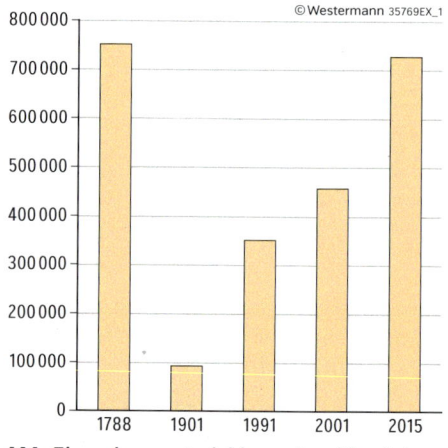

M3 *Lage, Entfernungen und Lebensräume Australiens*

Von hier aus drangen später die Siedler in das Landesinnere vor. Sie verdrängten die Aborigines in unfruchtbare Gebiete. Verfolgung, Massaker und Alkohol haben die Zahl der Ureinwohner drastisch reduziert. Zwangsadoptionen beraubten sie ihrer kulturellen Wurzeln. Heute leben sie zumeist am Rand von Großstädten oder in Reservaten. Erst seit 1967 sind die Aborigines als Australier anerkannt, 1994 bekamen sie Landrechte zuerkannt. Seit 1998 wird zum Gedenken an das Unrecht der Sorry Day begangen.

M2 *Aborigine in einem Town Camp in Alice Springs*

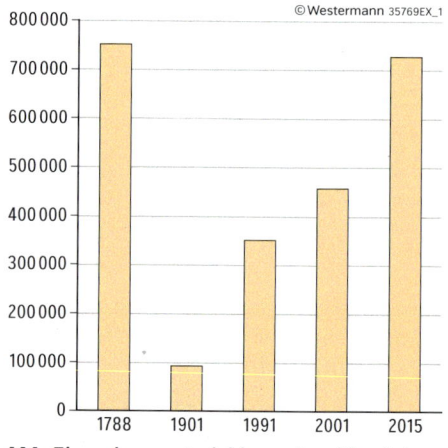

M4 *Einwohnerentwicklung der Aborigines in Australien*

---

❶ Australien wird oft auch als fünfter Kontinent oder „Down Under" bezeichnet. Erläutere.

❷ Diskutiert die Einführung eines Sorry Days in Australien.

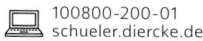 100800-200-01
schueler.diercke.de

M5 *Schulfest in Cabramatta, einem Zuwanderungsviertel in Sydney*

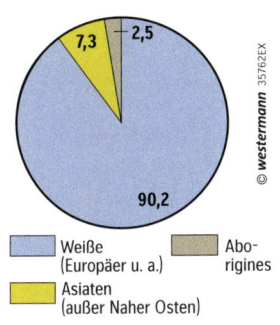

Weiße (Europäer u. a.) **90,2**
Asiaten (außer Naher Osten) **7,3**
Aborigines **2,5**

M7 *Ethnische Zusammensetzung*

Bevölkerung Australiens

Australien weist eine sehr geringe Bevölkerungsdichte auf, wobei die Verteilung über das Land sehr ungleichmäßig ist.

In Küstennähe leben auf drei Prozent der Landesfläche 90 Prozent der Gesamtbevölkerung. Die anderen Teile des Landes sind mit unter 0,3 Einw. pro km² sehr dünn besiedelt. Im heißen und trockenen Outback gibt es Gebiete, die noch nie ein Mensch betreten hat. Die Bevölkerung setzt sich aus über 120 Nationalitäten zusammen, wobei die meisten Australier britischer und irischer Herkunft sind.

Einwanderungsland

Für die wirtschaftliche Entwicklung des riesigen Raumes förderte die australische Regierung von Anfang an die Zuwanderung von Arbeitskräften, bevorzugt aus dem Mutterland Großbritannien, aus Deutschland und Nordeuropa. Nichteuropäer waren wegen der „White Australia Policy" weniger willkommen.

Seit den 1970er-Jahren wandern viele Menschen aus Südostasien und China ein. Bis heute ist Australien ein begehrtes Einwanderungsland, allerdings weiterhin mit strengen Kontingenten und Kriterien.

Einwanderungskriterien	Höchst-punktzahl
Alter (25 – 32 Jahre am höchsten bewertet)	30
Englischkenntnisse	20
Berufserfahrung in den letzten 10 Jahren (Ausland/Australien)	20
Bildungsstand, Ausbildung (z.B. in gefragten Berufen wie Arzt, Ingenieur, IT-Spezialist, Sozialarbeiter, KfZ-Mechaniker)	20
Weitere Faktoren (z.B. Studieren und Leben in gering besiedeltem Gebiet, Qualifikation des Lebenspartners)	20
Nominierung durch Bundesstaat bzw. Territorium und Sponsoring durch Verwandte	10
Mindestpunktzahl für die Einwanderung:	60

Rainer Hellstern: Auswandern nach Australien. www.auswandern-handbuch.de, 12.08.2007 (verändert)

M6 *Punktesystem für ein Visum*

www.in-australien.com/aborigines_10220

www.planet-wissen.de
(→ Aborigines)

http://dertagdes.de/jahrestag/national-sorry-day/

❸ Beschreibe und begründe die Bevölkerungsverteilung und -zusammensetzung Australiens.

❹ Informiere dich über Einwanderungsbestimmungen und vergleiche mit anderen Ländern (Internet).

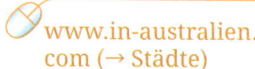

www.in-australien.com (→ Städte)

www.planet-wissen.de (→ Australisches Outback)

Der verstädterte Kontinent

Die größten Städte liegen an der Küste Australiens. Sie sind die Drehscheibe des Handels mit dem Ausland und gleichzeitig wichtige Standorte für die Ansiedlung von Industrie- und Gewerbebetrieben.

Australien weist mit einer Stadtbevölkerung von 90 % die höchste Verstädterungsrate weltweit auf. Die Millionenstädte mit ihrem Umland wachsen beständig an (M1). Vier Städte zählen zu den Top Ten der Metropolen mit der höchsten Lebensqualität, wobei Melbourne zum vierten Mal in Folge auf Platz 1 liegt.

Sydney ist die größte und bekannteste Stadt Australiens. Eine leistungsstarke Industrie hat sich hauptsächlich in den Vororten westlich der City angesiedelt. Große Dienstleistungsunternehmen konzentrieren sich dagegen im Zentrum der Stadt.

Mit seinem Flughafen und dem Großstadthafen, in dem die meisten Rohstoffe und Waren des Landes umgeschlagen werden, ist Sydney der bedeutendste Verkehrsknotenpunkt Australiens.

Einen weiteren wirtschaftlichen Schwerpunkt stellt der Tourismus dar.

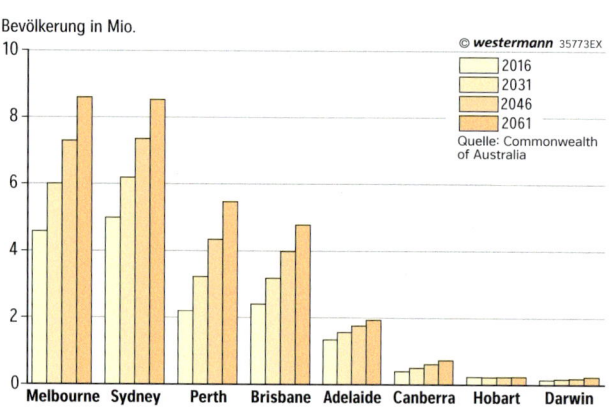

M1 *Bevölkerungswachstum in australischen Verdichtungsräumen*

Hauptstadt vom Reißbrett

Canberra ist die jüngste Stadt Australiens und liegt als einzige nicht am Meer. Mit ihrem Bau wurde 1913 begonnen, um den Streit zwischen Sydney und Melbourne um den Regierungssitz zu beenden. Der Name leitet sich von „Kaanberra" ab, was in der Sprache der Aborigines dieser Gegend „Versammlungsplatz" bedeutet.

Canberra wurde großzügig in der Form eines natürlichen Amphitheaters geplant. Ihr Kernstück bildet das Parlamentsgebäude mit einem künstlich angelegten See.

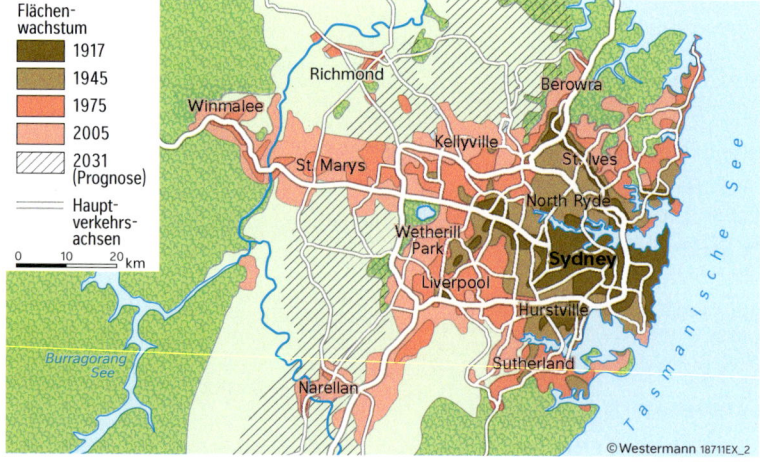

M2 *Flächenwachstum von Sydney*

M3 *Skyline Melbournes*

❶ Erkläre die hohe Verstädterungsrate Australiens.

❷ Analysiere das Wachstum der australischen Städte.

Leben im Outback

Der größte Luftrettungsdienst der Welt: Zur medizinischen Versorgung der Australier auch in entlegensten Gebieten wurde 1928 der Royal Flying Doctor Service (RFDS) eingerichtet. Über das gesamte Land sind Basisstationen verteilt, damit innerhalb von zwei Stunden Hilfe geleistet werden kann. Setzt ein an das RFDS-Funknetz angeschlossener Farmer einen Notruf ab, entscheidet ein Arzt des nächst gelegenen Krankenhauses darüber, ob zunächst eine Selbstbehandlung mithilfe der Hausapotheke erfolgen soll oder ob ein „fliegender Doktor" erforderlich ist.

M4 *Royal Flying Doctor Service*

Das größte Klassenzimmer der Welt: Die Kinder auf den Farmen im Outback haben theoretisch einen Schulweg von bis zu 1000 Kilometern. Aber in der Realität sind es nur ein paar Schritte bis in ein hergerichtetes Schulzimmer. Dort „treffen" sie sich mit ihrem Lehrer und Mitschülern über Funk und kommunizieren per E-Mail im Internet. Eine Funklektion dauert zumeist nur 30 Minuten. Beim Anfertigen der schriftlichen Übungen müssen die Eltern helfen.
Im Alter von 13 Jahren ziehen die Kinder in Internatsschulen, um gemeinsam in Klassen zu lernen.

M5 *„School of the Air"*

Road Trains sichern die Versorgung: In entlegenen ländlichen Gebieten, die nicht an das Eisenbahnnetz angeschlossen sind, wird der Transport durch gewaltige Trucks abgesichert. Die Road Trains sind 4,6 Meter hoch und 36,5 bis 53,5 Meter lang; auf privat bewirtschafteten Straßen wie in Bergbaugebieten ist sogar eine Länge von bis 100 Meter erlaubt. In Ballungsräumen und bergigem Gelände müssen die „Züge" geteilt werden. Insbesondere Schafe und Rinder werden von Road Trains über tausende Kilometer bis in die Häfen zum Export vor allem nach Asien transportiert.

M6 *Road Trains – Könige der Straße*

❸ Beschreibe Besonderheiten des Lebens im Outback.

❹ Diskutiert den Einsatz von Road Trains in Deutschland.

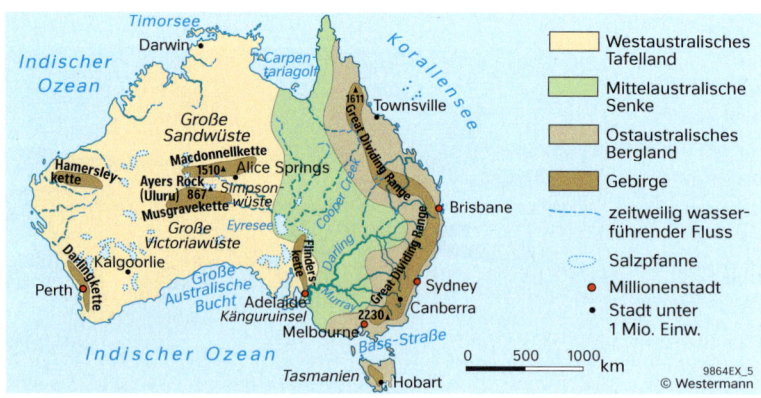

M1 *Oberflächengestalt Australiens*

M3 *Three Sisters*

Einförmiges Relief

Australiens Landmasse gehört zu den ältesten der Erde. In einem frühen Stadium der Erdgeschichte, vor ca. 100 Mio. Jahren, trennte sich die Australische Platte vom Urkontinent Gondwana. Sie bewegte sich langsam in Richtung Norden. Noch heute driftet der Kontinent jährlich fünf Zentimeter nordwärts.

Durch tektonische Bewegungen entstand im Tertiär weitgehend die heutige Oberflächengestalt. Im Durchschnitt nur etwa 300 m über dem Meeresspiegel liegend, weist das Relief eine Dreigliederung auf.

Der gesamte Westteil gehört zu einem riesigen Tafelland, das aus den ältesten Gesteinsformationen Australiens, aus Graniten des Präkambriums (Erdfrühzeit) besteht. Entlang der Ostküste dagegen erstreckt sich das Ostaustralische Bergland. Es ist ein Schollengebirge mit Mittelgebirgscharakter, das im Süden Hochgebirgsformen annimmt.

Zwischen den beiden großen Landschaften dehnt sich die Mittelaustralische Senke aus, ein Tiefland, in dem das Große Artesische Becken liegt (vgl. auch S. 87).

www.urlaub-austra-lien.net/fluesse/

In Australien gibt es wenige Dauerflüsse. Die Great Dividing Range bildet zwischen der Ostküste und dem westlichen Teil Australiens die Wasserscheide. Die zur Ostseite entwässernden Flüsse führen dauernd Wasser. Von den zur Westseite fließenden Flüssen ist nur der Murray ein Dauerfluss. Zusammen mit dem Darling bildet sein Flusssystem das wichtigste in ganz Australien. Während der Regenzeit ist es größtenteils schiffbar. Im Inneren Australiens liegen zahlreiche Salzpfannen und Salzseen. Sie werden von periodisch wasserführenden Flüssen gespeist und können wie der Eyresee viele Jahre trockenliegen.

M2 *Gewässernetz*

❶ Analysiere die Oberflächengestalt und das Gewässernetz von Australien. Nutze auch den Atlas.

❷ Stelle Zusammenhänge zwischen den beiden Geofaktoren dar.

Don`t climb Uluru

Der rot schimmernde Inselberg ist dem Volk der Anangu heilig. Jede Spalte und jede Höhle soll von einem Wesen aus ihrer „Traumzeit" geschaffen sein. Deshalb werden seit vielen Jahren die Touristen gebeten, den Uluru nicht zu besteigen. Dennoch bewältigen jährlich rund 30 000 Touristen die 1,6 Kilometer bis zum Gipfel.

Das soll nun ab Oktober 2019 untersagt werden. Der Uluru sei kein "Spielplatz oder Themenpark wie Disneyland". Ein Umwandern des Berges, der zum UNESCO-Natur- und Kulturerbe gehört, ist aber weiterhin möglich und sehr lohnenswert.

M4 *Uluru – heiliger Berg (bis 1993 als Ayers Rock bezeichnet)*

Uluru – ein Inselberg aus Sandstein

Mit seinen rund zehn Kilometern Umfang und seinen 348 Höhenmetern ist der Uluru der berühmteste Felsen Australiens. Wie auch die 30 Kilometer entfernten Kata Tjuta ragt er als Inselberg aus dem Umland.

An diesen gigantischen Inselbergen ist der tägliche Auf- und Untergang der Sonne das Naturerlebnis für die Touristen.

Dabei zeigen sich die Berge im Verlaufe eines Tages je nach Lichteinfall und Tageszeit in einem Farbenspiel von hellrot über orange bis braun.

Aus der Ferne erscheint der Uluru glatt und abgerundet, aus der Nähe sieht er jedoch faltig aus und löchrig wie Schweizer Käse.

Durch den Wechsel der Temperatur zwischen Tag und Nacht lockert sich seit Jahrmillionen die Gesteinsoberfläche. Dieser Prozess heißt Insolationsverwitterung oder Abgrusung. Der oxidierte Grus bildet heute die roten Wüstensande im Herzen des Kontinents.

In der Gegenwart sind es häufig auftretende Stürme, die mit hohen Windgeschwindigkeiten diese Sande mit sich führen und wie Sandstrahlgebläse auf die Gesteinsoberfläche der widerständigen Felsen einwirken. Dieser Prozess wiederum führt zur Bildung von feinen, roten Sanden.

www.ardmediathek. de
(→ Uluru, Folge 293)

www.in-australien. com/ayers-rock-uluru_1019876

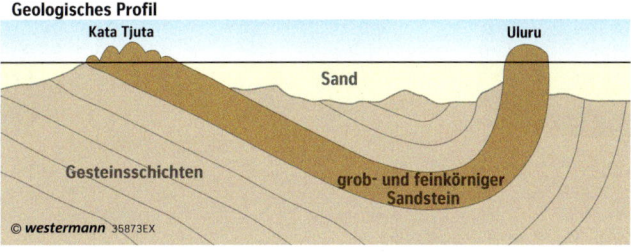

3 Beschreibe die Verwitterungserscheinungen am Inselberg Uluru.

4 Begründe, weshalb Touristen den Uluru nicht mehr besteigen sollen.

ⓘ Endemisch

nur in einem bestimmten Gebiet vorkommende oder lebende Pflanzen oder Tiere

Säugetiere	83 %
Reptilien	89 %
Amphibien	93 %
Süßwasserfische	90 %
Insekten	90 %

M1 *Endemische Arten in Australien*

Besonderheiten der Flora und Fauna

In Australien gibt es Tiere und Pflanzen, die nirgendwo sonst auf der Erde vorkommen. Aufgrund der isolierten Lage bewahrte die Lebenswelt hier „altertümliche" Züge. Beuteltiere wie das Känguru und der Koala, das Schnabeltier, der Ameisenigel und der Emu leben in Australien. Känguru und Emu sind die Wappentiere des Landes.

Auch zahlreiche Pflanzen weisen altertümliche Züge auf. Zu ihnen zählen Flaschenbäume, Baobabs genannt. Sie können in ihren Stämmen Wasser für Trockenzeiten speichern. Grasbäume wachsen im Jahr nur ca. drei Millimeter, sodass ihr Alter leicht nachgewiesen werden kann. Bei einer Höhe von bis zu sechs Metern haben sie demnach ein Alter von ca. 2000 Jahren erreicht.

Zu den am strengsten behüteten Tieren gehört der Koala. Sein Name ist von einem Aborigine-Wort abgeleitet und bedeutet so viel wie „trinkt nicht". Die Koalas verlassen ihre Bäume nur selten. Sie brauchen bis zu 18 Stunden Schlaf pro Tag und verzehren täglich über ein Kilo Blätter ausgewählter Eukalyptusarten. Wegen des hohen Anteils an ätherischen Ölen in diesen Blättern brauchen sie nichts zu trinken. Ihr Fell duftet wie Eukalyptusbonbons. Noch vor hundert Jahren gab es Millionen von Koalas. Insbesondere wegen ihres weichen Felles wurden sie gejagt. Das letzte Rückzugsgebiet der Koalas ist die Ostküste. Aber auch dieser Lebensraum ist gefährdet, denn immer mehr Eukalyptuswälder werden in Viehweiden umgewandelt.

M3 *Beutelbär Koala*

Wappen

Verkehrsschild mit Tierwarnung

Schnabeltier

Känguru

Eukalyptus

Koala

Ameisenigel

Grasbaum

M2 *Endemische Tiere und Pflanzen*

❶ Begründe, weshalb Australien auch als Kontinent „lebender Fossilien" bezeichnet wird.

❷ Beschreibe, wie sich die Pflanzen- und Tierwelt an die natürlichen Bedingungen angepasst hat.

Ökosysteme in Gefahr

Die Aborigines verstanden es, sich an die Natur anzupassen, ohne diese zu zerstören. Dagegen haben die europäischen Einwanderer der Natur in nur 200 Jahren schwere Schäden zugefügt.

Weite Teile Australiens sind mit einer Salzkruste überzogen. Infolge des Raubbaus an den Wäldern, schätzungsweise 15 Mrd. Bäume wurden gefällt, stieg der Grundwasserspiegel stark an. An die Oberfläche gelangt, verdunstet das Wasser in den trockenen Gebieten, Salz bleibt zurück.

Aber auch die heute im Inneren des Landes weit verbreitete Weidewirtschaft greift zerstörend in den Naturhaushalt ein.

In Dürrejahren fressen Schafe und Rinder die ohnehin karge Grasdecke kahl. Der Wind kann nun die wertvollen Humusbestandteile aus dem ausgetrockneten Boden ungehindert auswehen.

Extrem anfällig gegenüber eingeführten Pflanzen oder Tieren ist die einheimische Flora und Fauna Australiens. Ohne natürliche Feinde kann ein unkontrolliertes Vermehren und Ausbreiten das Gleichgewicht in der Natur erheblich stören.

Heute ist die Einfuhr von Pflanzen und Tieren, aber auch von Lebensmitteln in das Land verboten. Innerhalb Australiens wird dann streng kontrolliert, wenn die Gefahr der Ausbreitung von Schädlingen besteht.

www.kinderwelt-reise.de/kontinente/australien/austra-lien/daten-fakten/tiere-pflanzen/

www.deutschland-funkkultur.de
(→ Schmusekatze frisst Beuteltier)

Mitte des 19. Jahrhunderts brachte ein Engländer 24 Kaninchen mit nach Australien. Schon in wenigen Jahren hatten sie sich so vermehrt, dass sie eine Plage darstellten. Um die Ausbreitung von Westen nach Osten zu verhindern, bauten die Australier einen über 3000 Kilometer langen Zaun, den „Rabbit Proof Fence". Für die Schafzüchter sind die australischen Wildhunde, die Dingos, eine Plage. Sie töten ihre Schafe. Ein heute noch etwa 5000 Kilometer langer Zaun South Australia soll vor ihnen schützen.

M4 *Zäune durch Australien*

Zollkontrolle

[...] Während in vielen Ländern vor allem der Mensch direkt den Lebensraum von Tieren gefährdet, weil er sich stärker in der Natur ausbreitet, ist es im dünn besiedelten Australien anders. Viele Arten haben zwar ausreichend Platz, werden aber von Raubtieren gejagt, die eigentlich nicht auf den Kontinent gehören: Einwanderer brachten etwa Rotfüchse (Vulpes vulpes) und Katzen (Felis catus) im 17. und 18. Jahrhundert aus Europa mit. Beide Tierarten haben sich über drei Viertel des Kontinents ausgebreitet. [...] In ihrer Analyse berichten [...] Forscher, dass seit dem 19. Jahrhundert mehr als zehn Prozent der einst 273 einheimischen Landsäugetiere ausgestorben sind. In den USA sei es im gleichen Zeitraum nur eine Art gewesen. Jede fünfte Spezies gelte mittlerweile auf dem fünften Kontinent als bedroht.

Christiane Oelrich, dpa: www.welt.de, 09.02.2015 (verändert)

M5 *„Einfuhr verboten"*

---

3 Begründe, weshalb die Einfuhr von Tieren, Pflanzen und Lebensmitteln streng verboten ist.

4 Erörtere die Aborigine-Aussage: „Nur wer sich der Natur unterordnet, wird Teil von ihr und kann überleben."

M1 *Staubsturm in Sydney, 2009*

M3 *Hochwasser in Depot Hill*

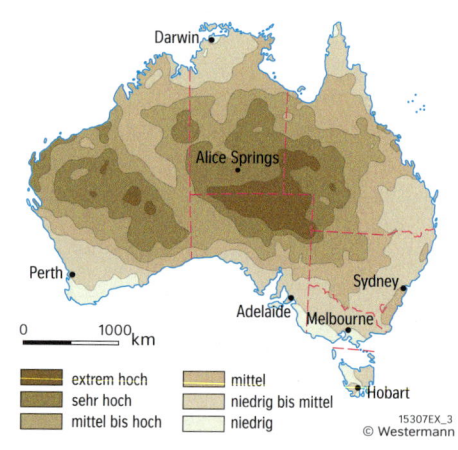

M4 *Buschfeuer bedrohen Siedlungen*

www.in-australien.
com/klima_10968

http://survival.4u.
org/katastrophen/
hurrikan.htm

Klimaextreme

Australien ist der trockenste bewohnte Kontinent. Sein größter Teil wird ganzjährig vom trockenen Passatklima bestimmt. In den übrigen Gebieten sind die Niederschläge durch die jahreszeitliche Verlagerung von Luftmassen und zum Teil auch durch das Relief sehr unterschiedlich verteilt. Die küstennahen Gebiete im nördlichen Australien unterliegen dem saisonalen Monsun mit seinen ergiebigen Niederschlägen. Doch auch in diesen feuchten Regionen treten Dürreperioden auf. Wenn danach Starkregen einsetzen, kann der Boden das Regenwasser nicht schnell genug aufnehmen. Großflächige Überschwemmungen sind die Folge.

Buschfeuer

Buschfeuer treten in Australien regelmäßig auf. Bei extremer Trockenheit und ungünstigen Windverhältnissen können sie die Farmen und Städte bedrohen. In Australien haben sich jedoch sehr viele Pflanzen an das Feuer angepasst. Der Samen einiger Pflanzen kann nur keimen, wenn er im Feuer gelegen hat. Die dicken Rinden vieler Eukalyptusbäume stellen einen Schutz vor dem Feuer dar. Während des Feuers verbrennen vor allem die trockenen Gräser. So wird Platz für neue Pflanzen geschaffen. Die Aborigines legten in regenreicheren Jahren Feuer, um das Unterholz zu verbrennen. Dadurch verhinderten sie unkontrollierte Buschfeuer.

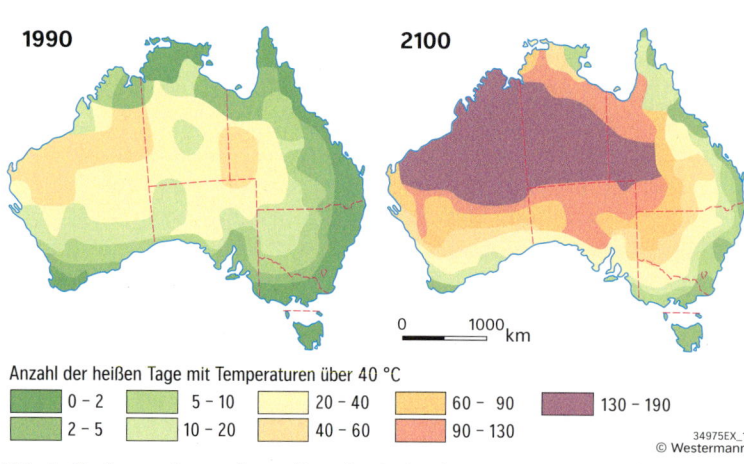

1990

2100

0 — 1000 km

Anzahl der heißen Tage mit Temperaturen über 40 °C

0 – 2	5 – 10	20 – 40	60 – 90	130 – 190
2 – 5	10 – 20	40 – 60	90 – 130	

34975EX_1
© Westermann

M2 *Aufheizung Australiens (Durchschnitt der Tage mit >40°C)*

Darwin
Alice Springs
Perth
Sydney
Adelaide
Melbourne
Hobart

0 — 1000 km

extrem hoch	mittel
sehr hoch	niedrig bis mittel
mittel bis hoch	niedrig

15307EX_3
© Westermann

M5 *Niederschlagsvariabilität*

① Beschreibe die klimatischen Bedingungen Australiens. Ordne sie in globale Ordnungsmuster ein.

② Australien leidet unter Klimaextremen und ist stark vom Klimawandel betroffen. Erläutere.

100800-202-02, 03, 04
schueler.diercke.de

Besonderheiten des Wasserhaushalts

Unter weiten Teilen des trockensten Kontinents lagert artesisches Grundwasser. Dieses bildet sich in einem geologischen Becken, dem **Artesischen Becken**, aus versickernden Niederschlägen. Es sammelt sich in Hohlräumen zwischen wasserundurchlässigen Sedimentschichten an. Durch die Schüsselform tritt das Wasser am Rand als Quellen an die Erdoberfläche. An der tiefsten Stelle steht es derart unter Druck, dass es bei der Bohrung eines Brunnens von selbst zu Tage sprudelt.

Besonders reiche Vorräte an artesischem Wasser gibt es im Großen Artesischen Becken. Das in ihm vorhandene Grundwasser stammt von den Niederschlägen, die im regenreichen Ostaustralischen Bergland fallen. Aufgrund der zumeist geringen Qualität des Wassers dient es nur selten als Trinkwasser, häufig aber zum Tränken der Viehherden.

Die Wasservorkommen machen eine landwirtschaftliche Nutzung des trockenheißen Outbacks erst möglich.

www.australien-reporter.de/wasser/arthesisches-becken/

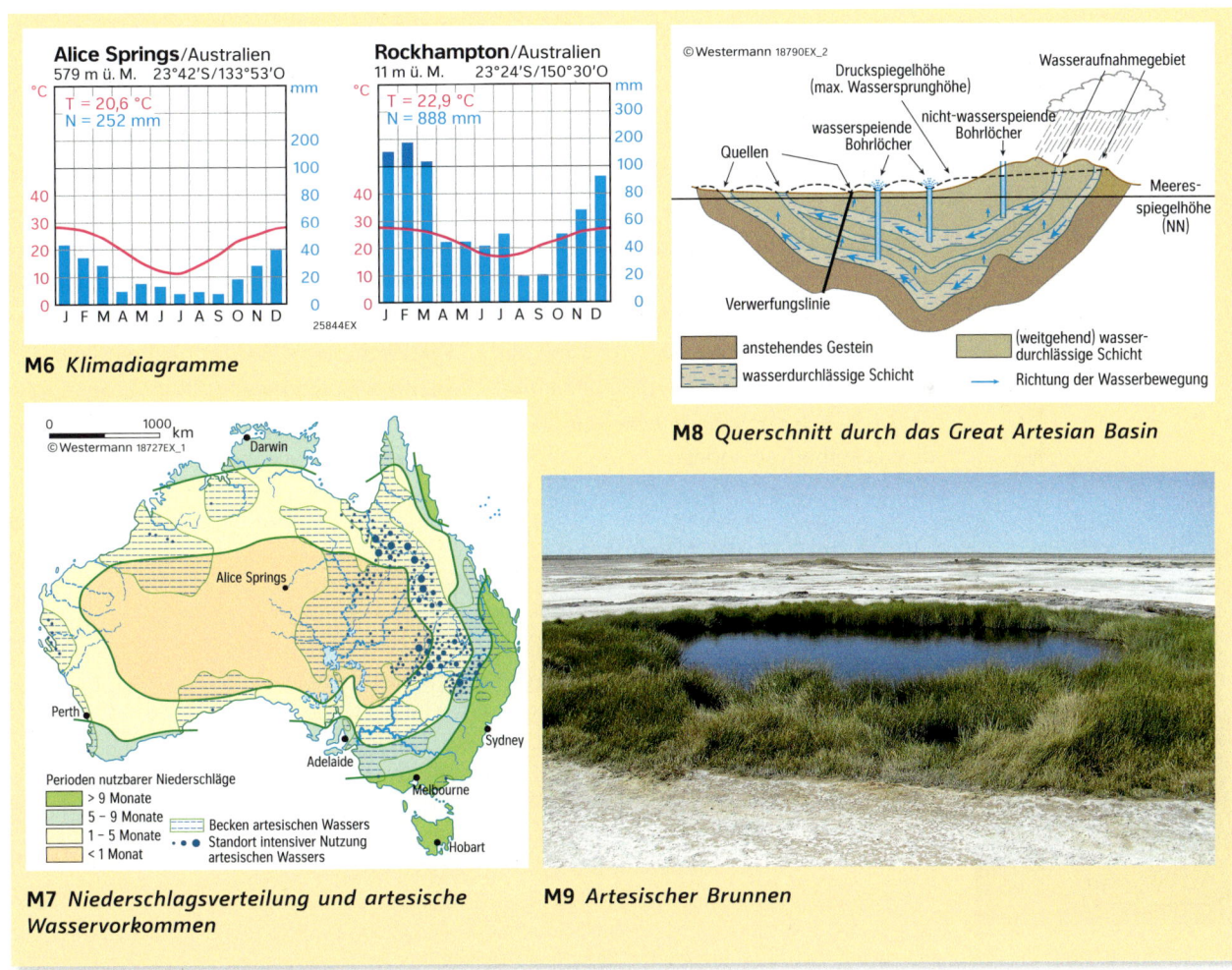

M6 *Klimadiagramme*

M8 *Querschnitt durch das Great Artesian Basin*

M7 *Niederschlagsverteilung und artesische Wasservorkommen*

M9 *Artesischer Brunnen*

---

3 Nimm zu der Aussage Stellung: „Australien hat einen grünen Saum und ein totes Herz."

4 Erkläre die Entstehung von artesischem Wasser und begründe seine Bedeutung.

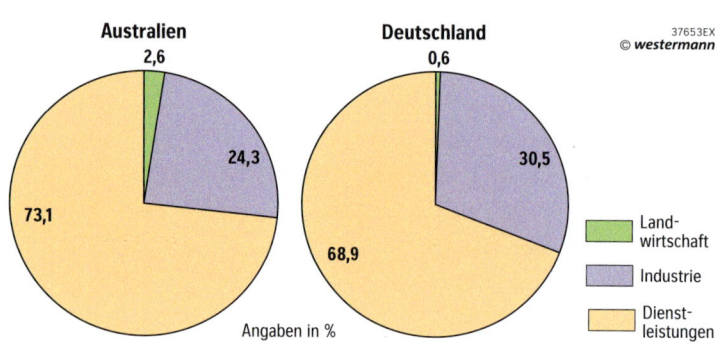

M1 *Anteil der Wirtschaftssektoren am Bruttoinlandsprodukt 2016*

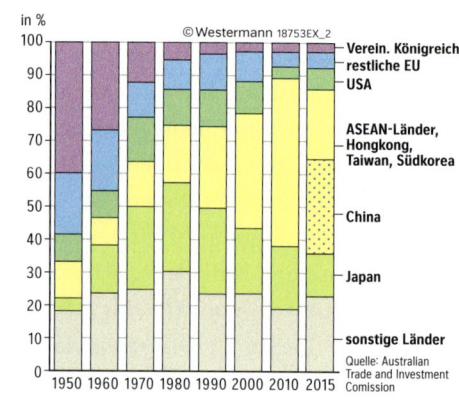

M4 *Zielländer des australischen Exports 2015*

www.dw.com
(→ Australien feiert
Weltrekord im
Wachstum)

www.work-and-tra-
vel-australien.org/
farm-work-outback/

Industrieland mit leistungsstarker Landwirtschaft

Australien gehört zu den am höchsten entwickelten Ländern der Erde. Es ist eine Exportnation, wobei sich ein Wandel hinsichtlich der Lieferländer und Export-produkte vollzieht. Noch in den 1950er-Jahren erbrachte Schafwolle ein Drittel aller Exporte. Aber auch heute ist die Landwirtschaft ein wichtiges Standbein der australischen Wirtschaft. Rund die Hälfte der Fläche wird landwirtschaftlich genutzt, jedoch ist nur ein Zehntel für den Ackerbau geeignet.

Die exportorientierte Landwirtschaft hat mit klimatischen und ökologischen Pro-blemen zu kämpfen. Immer wieder fallen Ernten durch Dürreperioden, Buschfeuer oder Überschwemmungen geringer aus oder werden vernichtet. Schaf- und Rin-derherden können oftmals nicht ausrei-chend mit Wasser versorgt werden und verenden. Nicht zuletzt deshalb vollzieht sich ein Strukturwandel hin zu größeren Farmen, die Raum für extensive Weide-wirtschaft bieten.

M2 *Weinernte in New South Wales*

Die landwirtschaftliche Nutzfläche Australiens bestreitet gut die Hälfte der gesamten Landesfläche. Aber nur ein Zehntel der landwirtschaftlichen Nutz-fläche ist für den Ackerbau geeignet. [...] Aufgrund des Klimas müssen viele Flächen zusätzlich bewässert werden. [...] [Die] Agrarproduktion [ist] ein wichtiges Standbein der australischen Wirtschaft, die überwiegend auf den Export ausgerichtet ist. Große Farmen dominieren die Agrarwirtschaft. Von den rund 136 000 Agrarbetrieben bewirtschaften [...] knapp 14 000 Betriebe mehr als 2500 ha. Auch in Australien läuft der Strukturwandel in der Land-wirtschaft in Richtung größerer Einheiten. Innerhalb von fünf Jahren ist die Zahl der Agrarbetriebe um 6,5 Prozent geschrumpft.

Ein Kontinent mit starken Kontrasten. Agrarzeitung, dfv Mediengruppe, 12.01.2015 (verändert)

M3 *Quellentext zur Landwirtschaft in Australien*

1 Analysiere die Materialien zu den Wirtschaftssektoren und zum Ex-port Australiens.

2 Ermittle mithilfe des Atlas Land-wirtschaftsgebiete und -produkte Australiens. Begründe.

- Lage: zwischen Coober Pedy und dem Eyre-See
- Größe: die flächenmäßig größte Rinderfarm der Welt (ca. 24 000 km²)
- Personal: 20 Arbeiter
- Gründung: 1863 als Schaffarm, kurz darauf Umstellung auf Rinderhaltung, da Rinder weniger durch Dingos angefallen wurden
- Besitzer: bis 2016 S. Kidman & Co, die eine Reihe von weiteren Viehfarmen über das gesamte Outback verstreut besitzen. Diese Kette von Einzelstandorten ist eingerichtet worden, damit die Tiere immer einen Zugang zu Futterpflanzen und Wasser haben, denn sie werden bei Dürren zu klimatisch besser gelegenen Stationen gebracht.
- Anzahl der Rinder: 1 500 – 18 000, extrem abhängig von den Wetterbedingungen

M5 *Anna Creek Cattle Station*

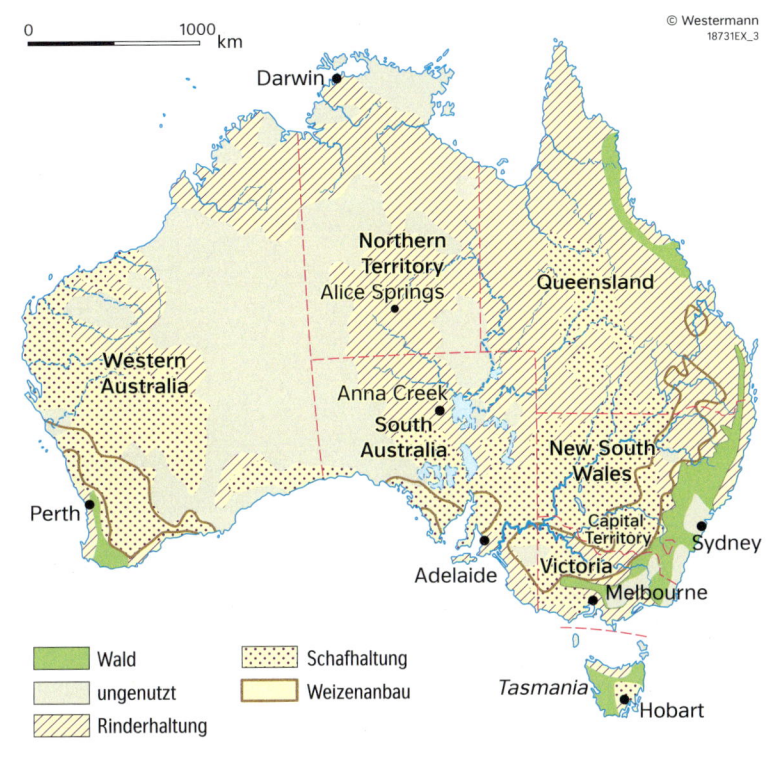

M7 *Hauptlandwirtschaftsregionen in Australien*

Legende:
- Wald
- ungenutzt
- Rinderhaltung
- Schafhaltung
- Weizenanbau

China kauft sich mit immer größerer Wucht in das australische Agrargeschäft ein. [...] Dabei geht es in der Regel um riesige Rinderfarmen, die für dreistellige Millionenbeträge in chinesische Hände wandern. [...] Hinter allem steht die Idee, dass die aufstrebende Mittelklasse in China immer mehr Hunger und Durst nach Fleisch und Wein verspüren wird. In den vergangenen fünf Jahren summierte sich der Übernahmewert der chinesischen Käufe in Australien schon auf mehr als 20 Mrd. Dollar.

Christoph Hein: Chinesen kaufen Australiens Farmen auf. FAZ.net, 18.04.2016 (gekürzt)

Landwirtschaft im Murray-Darling-Becken
Der Murray ist der wasserreichste Fluss Australiens und bildet mit dem Darling sowie weiteren periodisch fließenden Nebenflüssen das viertgrößte Stromsystem der Erde. Im Murray-Darling-Becken arbeiten 50 900 landwirtschaftliche Betriebe, das sind 40 Prozent aller australischen Farmen. Durch den Bau von Dämmen und Stauseen sowie die Einrichtung eines großflächigen Bewässerungssystems wird eine konstantere Wasserversorgung gesichert.

M6 *Landwirtschaft am Murray River in South Australia*

❸ Erläutere die Farmlandwirtschaft. Gehe dabei auf Probleme und Lösungsansätze ein.

❹ Beschreibe und begründe den Besitz ausländischer Landeigner an australischen Agrarflächen.

Produkt	Welt-stellung
Eisenerz	1.
Bauxit	1.
Gold	2.
Uranerz	3.
Diamanten	4.
Kohle	4.
Kupfer	6.

Fischer WA 2018

M1 *Rohstoffproduzent Australien*

M3 *Uranabbau im Northern Territory*

Rohstoffreichtum mit Folgen

Auf dem australischen Kontinent liegen nahezu alle wichtigen Rohstoffe, die eine moderne Wirtschaft benötigt, und zwar in solchen Mengen, dass es den Eigenbedarf des Landes weit übersteigt. So hat sich Australien in den letzten Jahrzehnten zu einem bedeutenden Exporteur zahlreicher Bergbauprodukte entwickelt und liegt bei der Förderung vieler Rohstoffe an Spitzenpositionen der Weltförderung (M1). Selbst hochwertiges, da schwefelarmes, leichtes Erdöl exportiert das Land, wenn auch billigeres, schwe-

M2 *Karikatur: Australiens „Goldmedaille"*

res Erdöl importiert werden muss. Seit einigen Jahren werden zudem Erdgaslagerstätten vor den Küsten Australiens erschlossen. Die meisten Rohstoffe gelangen in die asiatischen Länder China, Japan, Südkorea und Taiwan.

Doch der Rohstoffboom hat auch eine andere Seite. Da Australien rund 80 % seiner Energie durch die Verbrennung heimischer Kohle deckt, gilt das Land als einer der größten Produzenten des klimaschädlichen Treibhausgases Kohlenstoffdioxid (CO_2). Hinzu kommt, dass die meisten Rohstoffe im Tagebau abgebaut werden. Dabei entstehen riesige Löcher in der Erde. Zahlreiche Straßen und Schienen, auf denen die Rohstoffe aus dem Landesinneren zu den Verladehäfen transportiert werden, durchschneiden die Landschaft.

❶ Beschreibe den Reichtum Australiens an Rohstoffen und deren Lagerstättenverteilung (Atlas).

❷ Erläutere Eingriffe in den Raum durch Förderung und Transport von Rohstoffen.

100870-200-02
schueler.diercke.de

© Westermann
35898EX_1

0   100   200 km

Great Barrier Reef

Townsville
Bowen · Abbot Point
Collinsville
Mackay
Hay Point
Galilee-Becken 1
2
3
Moranbah
Dysart
Bowen-Becken
Emerald · Blackwater
5 · 4
6 · Alpha
Port Alma
Gladstone
Moura · **Callide-Becken**
· Theodore
· Taroom
· Wandoan
Surat-Becken
Tarong-Becken
Brisbane
Ipswich
Millmerran
Clarence-Moreton-Becken

◆ projektierte Kohleminen:
1 China Stone
2 Carmichael
3 Heaven's Corner
4 Alpha
5 South Alpha
6 South Galilee
◆ Lager
⊗ Kohle-exporthafen
---- geplante Eisenbahnstrecken
— Schifffahrtsrouten
⬭ Korallenriff

M4 *Galilee-Kohlelagerstätten: neue projektierte Minen*

Vorhaben:
• Förderung von 40 Mio. t Kohle/Jahr in den nächsten 60 Jahren
• Bau einer 190 km langen Eisenbahnstrecke zum Exporthafen Abbot Point
• Ausbau des Hafens um bis zu 3 Terminals mit einer 17 m tiefen Fahrrinne
• Zunahme der Schiffsdurchfahrten durch das Weltnaturerbe Barriereriff

weitreichende Folgen:
• Zerstörung von Lebensräumen gefährdeter Tiere und Pflanzen sowie fruchtbaren Farmlandes
• Luft- und Wasserbelastung

M6 *Problem Kohletransport*

🛈 **Großes Barriereriff**
Länge: 2300 km
Fläche: 348 700 km²
Riffe: mehr als 2500
Inseln: ca. 1000, 8 davon bewohnt
UNESCO-Weltnaturerbe: seit 1981 als erstes Meeresgebiet, größtes von Lebewesen geschaffenes Bauwerk der Erde

---

Weltnaturerbe Großes Barriereriff in Gefahr

Das Riff ist eine der größten Touristenmagnete Australiens. Jedoch wird das Ökosystem stark belastet, z. B. durch unachtsame Taucher und Schnorchler, Souvenirjäger oder Sonnenschutzmittel. Der immer wieder auftretende korallenfressende Seestern bringt ganze Riffe zum Absterben. Daneben steigt aufgrund des Klimawandels die Wassertemperatur und Zyklone lösen zerstörerische Wellen aus. Eine große Bedrohung für die Korallen geht auch von der intensiven küstennahen Landwirtschaft, dem zunehmenden Schiffsverkehr und der Überfischung aus. Für den Erhalt des Weltnaturerbes und die Einhaltung vereinbarter Schutzmaßnahmen kommt es immer wieder zu Bürgerprotesten.

M5 *Das Große Barriereriff im Luftbild*

M7 *Taucher am Barriereriff*

✎ www.dw.com/de/ (→ Aborigines, Kohle; 20.06.2017)

www.planet-wissen. de/natur/meer/ korallenriffe/pwieg-reatbarrierreef100. html

www.wwf.de/great-barrier-reef/

---

❸ Nimm Stellung zu Kohle als Energieträger und Exportprodukt unter ökologischen Aspekten.

❹ Begründe, weshalb das Große Barriereriff ein Weltnaturerbe ist. Erläutere seine Verletzlichkeit.

M1 *Hotelanlage auf Tahiti*

M3 *Hawaii (USA)*

www.planet-wissen.
de (→ Südsee)

www.laenderdaten.
info/Ozeanien/in-
dex.php

Inselwelt im Pazifischen Ozean

Über eine Meeresfläche von 70 Mio. km² verstreut liegen Tausende Inseln, die insgesamt nur eine Landfläche von rund 220 000 km² haben. Diese als Ozeanien bezeichnete Inselwelt gliedert sich in zwei Inselgürtel und isoliert liegende Inselgruppen (vgl. S. 76, M2).

Während die westlichen Inseln zum Festlandsockel gehören und größere Flächen aufweisen, sind die östlichen weiter voneinander entfernt. Sie sind überwiegend kleine Vulkan- und Koralleninseln.

Infolge der geringen Flächen und begrenzten Nutzungsmöglichkeiten sind von den über 7500 Inseln aber nur rund 2100 bewohnt. Besiedelt wurden sie während und nach der letzten Eiszeit von Asien aus. Heute leben auf den Inseln rund 16 Millionen Menschen.

Wir Europäer verbinden mit Ozeanien paradiesische Vorstellungen: weiße Strände, türkisblaue Lagunen, Menschen mit Blüten im Haar … Doch das Paradies ist bedroht.

I Melanesien („Schwarze Inseln")	II Mikronesien („Kleine Inseln")	III Polynesien („Viele Inseln")

Salomonen	28 896 km²	Palau	490 km²	Französisch-Polynesien*	4 167 km²
Neukaledonien*	19 103 km²	Nördliche Marianen*	457 km²	Samoa-Inseln	2 841 km²
Fidschi	18 272 km²	Marshall-Inseln	181 km²	Tonga-Inseln	747 km²
Vanuatu	12 189 km²	Nauru	21 km²	Tuvalu	26 km²

* abhängige Gebiete

M2 *Ozeanien – Inseln und Inselgruppen (Auswahl, Fischer Weltalmanach 2018)*

❶ Begründe, weshalb Ozeanien auch als der „nasse Kontinent" bezeichnet wird.

❷ Suche Inselgruppen Ozeaniens im Atlas auf und ordne sie den Inselgürteln zu.

100800-199-02
schueler.diercke.de

In Beziehungsgeflechten werden Wechselbeziehungen grafisch dargestellt. Im Geographieunterricht können dies zum Beispiel Ergebnisse einer Raumanalyse sein. Mit ihnen werden Zusammenhänge zwischen den einzelnen Geofaktoren oder zwischen Geo- und Humanfaktoren aufgezeigt.

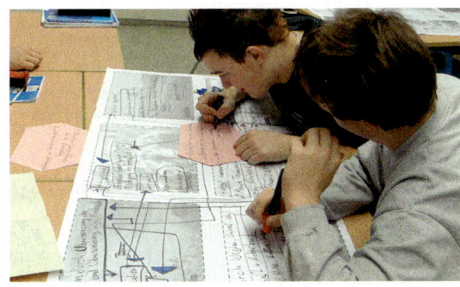

M5 *Schüler beim Anfertigen eines Beziehungsgeflechts*

So gehst du vor

1. Lege das Thema/die zu untersuchende Problemstellung fest. Schreibe sie in die Mitte der zu erwartenden Darstellung.

2. Ordne die untersuchten Geo- und Humanfaktoren, um die zentrale Fragestellung herum, grafisch in Feldern an.

3. Trage deine Analyseergebnisse zu den einzelnen Faktoren in Kurzform in die Felder ein.

4. Kennzeichne Wechselbeziehungen zwischen einzelnen Faktoren durch Verbindungslinien. Begründe die Zusammenhänge mündlich.

5. Ziehe ein Fazit.

Lage, Gliederung	geologischer Bau	Entstehung/Relief der Inseln
• • •	• • •	• • •

Tier- und Pflanzenwelt	**Ozeanien: Grenzen der Raumnutzung**	Klima
• • •		• • •

Meereswirtschaft	Landwirtschaft	Bergbau
• • •	• • •	• • •

M4 *Beispiel Ozeanien: Schritte 1 und 2*

3 Erarbeite unter Nutzung der Schrittfolge ein Beziehungsgeflecht zu Ozeanien.

Gehe von der zentralen Problemstellung aus. Unterscheide zwischen den Inseltypen.

www.planet-wissen.
de
(→ Meer Korallen-
riffe)

www.klimaretter.
info/forschung/
hintergrund/21450-
nie-dagewesenes-
korallensterben-im-
gang

www.planet-wissen.
de
(→ Naturgewalten
Vulkane)

Vulkaninseln – hohe Inseln

Ozeanien wird von einer Vielzahl von **Vulkaninseln** perlenschnurartig durchzogen. Diese bilden sich insbesondere an Plattenrändern.

Aber auch innerhalb der Pazifischen Platte ragen Vulkaninselketten aus dem bis zu 5000 Meter tiefen Meer hoch empor. Ursache für ihr Entstehen sind **Hotspots**, ortsfeste Aufschmelzungspunkte im Erdmantel. Darüber bewegt sich die Pazifische Platte mit einer Geschwindigkeit von etwa einem Zentimeter pro Jahr.

So sind zum Beispiel die Galápagos-Inseln und die 2500 Kilometer lange Vulkankette der Hawaii-Inseln entstanden. Die jüngste und größte Insel des Hawaii-Archipels ist Hawaii, auch Big Island genannt. Der Süden der Insel wächst noch immer durch heftige Vulkanausbrüche. Hier befindet sich der aktivste tätige Vulkan der Erde, der Kilauea. Der Mauna Kea ist vom Meeresboden aus gerechnet mit über 10000 Metern der höchste Berg der Erde.

Koralleninseln – flache Inseln

Die nur wenige Meter hohen **Koralleninseln** Ozeaniens verdanken ihre Entstehung kleinen Meerestieren, den Korallen. Diese bauen auf dem Felsuntergrund (meist Vulkanmassiven) Riffe auf. Deren Entwicklung steht im Zusammenhang mit Meeresspiegelschwankungen oder Senkungen bzw. Hebungen des Ozeanbodens (M3 – M5). Korallenriffe sind komplexe Ökosysteme mit einer großen Artenvielfalt. Sie säumen rund ein Viertel aller Küsten der Erde und schützen diese als natürliche Wellenbrecher. Viele Riffsysteme sind durch eine vielfältige Nutzung gefährdet: Überfischung, Massentourismus, Abbau von Korallenblöcken als Baumaterial, Hafenausbau, Schifffahrt. Zudem führt die Erwärmung der Erde zur Übersäuerung der Meere und damit zum weltweiten Korallensterben. Auf einem oft mehr als 1000 Meter hohen Turm toter Korallen sitzt das lebende Korallenriff. Seine Oberfläche ist häufig mit Korallensand bedeckt und umschließt einen Lagunensee.

ⓘ Korallen
farbenprächtige Polypen, die Plankton und Meerwasser in Kalk umwandeln und Riffe auftürmen; Wachstum um 10 – 25 mm/Jahr in 20 – 30 °C warmem Salzwasser

M1 *Der Kilauea auf Hawaii*

M2 *Korallenriff*

❶ Begründe das Vorkommen zahlreicher Vulkaninseln im Pazifischen Ozean.

❷ Erläutere die Bedeutung von Korallentieren und die Gefährdung von Riffen.

So gehst du vor

Lesen und Auswerten einer Profilskizze:
- das Thema der Profilskizze nennen
- den Ausschnitt der Erdkruste unter Nutzung des Atlas ermitteln
- den Inhalt beschreiben (auch unter Nutzung der Legende bzw. der Beschriftung)
- Zusammenhänge herstellen (bei dynamischen Profilskizzen Entwicklungen aufzeigen)
- Merkmale und deren Ursachen erklären

Anfertigen einer Profilskizze:
- für die Profilskizze eine Vertikale und Horizontale zeichnen, ggf. Maßstäbe und Maßeinheiten angeben (z. B. in einem geomorphologischen Profil zum Relief/zur Oberflächengestalt: Anlegen einer Profillinie in einer physischen Karte, Höhenangabe in Metern, Entfernung in Kilometern)
- einen maßstabgerechten, aber generalisierten (nicht mathematisch exakten) Profilschnitt skizzieren
- die Profilskizze durch Farben, Beschriftungen, Symbole erläutern; ggf. ein Kausalprofil in Kombination mit einer Tabelle entwickeln

ℹ Profilskizze
stellt den Schnitt durch einen Teil der Erdkruste dar; eine geomorphologische Profilskizze veranschaulicht Reliefformen über einen Höhen- und einen Längenmaßstab.

Saumriff
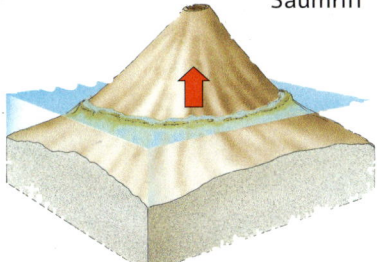

Wallriff
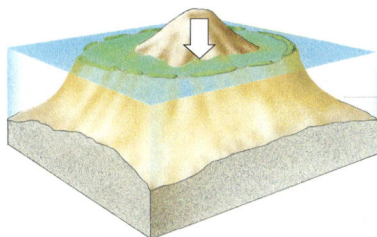

Atoll
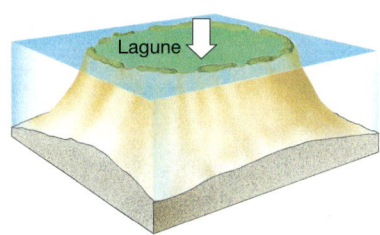

Saumriffe bilden sich in Küstennähe rings um eine Vulkaninsel. Die Korallen wachsen zur Meerseite. Zwischen dem Riff und der Insel entsteht ein schmaler Kanal.

Wallriffe entstehen, wenn die Insel langsam absinkt oder der Meeresspiegel steigt und das Wachstum der Korallen Schritt halten kann. Zwischen Riff und Insel bildet sich eine flache Lagune.

Atolle sind ringförmige Korallenriffe. Sie bilden sich, wenn die Insel ganz im Meer versinkt und das Wachstum der Korallen anhält. In der Mitte entsteht eine Lagune.

M3 *Riffgesäumte Insel (Rarotonga, Cook-Inseln)*

M4 *Bora Bora mit Wallriff und Lagune*

M5 *Atollring (Atoll aus dem Tuamotu-Archipel)*

3 Werte die Profilskizzen zur Entstehung verschiedener Korallenriffe aus.

4 Fertige selbst unterschiedliche Profilskizzen zu den pazifischen Inseln an.

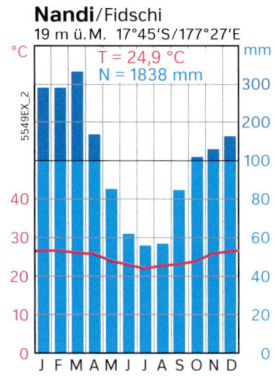

Nandi/Fidschi
19 m ü.M. 17°45'S/177°27'E

T = 24,9 °C
N = 1838 mm

M1 *Klimadiagramm Fidschi*

Natur – vielfältig und arm zugleich

Aufgrund der Lage in den Tropen herrschen auf den meisten Inseln ganzjährig hohe Temperaturen. In Abhängigkeit vom Relief und der Entfernung zum Äquator fallen aber unterschiedlich hohe Niederschläge.

Die Tier- und Pflanzenwelt ist vielfältig und exotisch. Die Meere sind reich an Korallentieren, Muscheln, Seeschildkröten, Fischen. In den tropischen Wäldern kreischen farbenprächtige Vögel.

Der Artenreichtum nimmt jedoch in östlicher Richtung ab, da die großen Entfernungen einen Austausch zwischen den Inseln verhindern. Auf den Galápagos-Inseln zum Beispiel konnte sich eine einzigartige Tier- und Pflanzenwelt entwickeln (S. 103). Vom Menschen eingeschleppte Tiere wie Ziegen, Katzen und Ratten bzw. Pflanzen verändern die verletzlichen Ökosysteme. Mineralische und fossile Rohstoffe sind auf den meisten Inseln nicht zu finden.

www.zdf.de/dokumentation/
(→ Abenteuer Südsee)

www.giz.de/de/mit_der_giz_arbeiten/57747.html

Durch die Lage in einem geologisch unruhigen Gebiet treten häufig Vulkanausbrüche und Erdbeben auf. Für die kleinen Inseln haben sie verheerende Auswirkungen.
Viele Inseln liegen zudem im Wirbelsturmgürtel der Erde und werden mitunter mehrmals im Jahr von Zyklonen bzw. Taifunen heimgesucht (M2). Überschwemmungen, Erdrutsche und weggespülte Küstenstriche sind die Folge. Durch den globalen Klimawandel und einen damit verbundenen Meeresspiegelanstieg um durchschnittlich zwei Millimeter pro Jahr könnte die Gefahr noch verstärkt werden.

M3 *Naturkatastrophen suchen die Inseln heim*

M2 *Schäden nach einem Zyklon in Port Vila, Vanuatu*

M4 *Inselstrand, Französisch-Polynesien*

① Beschreibe die Naturbedingungen der pazifischen Inselwelt. Erkläre die abnehmende Artenvielfalt.

② Begründe, weshalb Naturereignisse häufig katastrophale Folgen für Mensch und Natur haben.

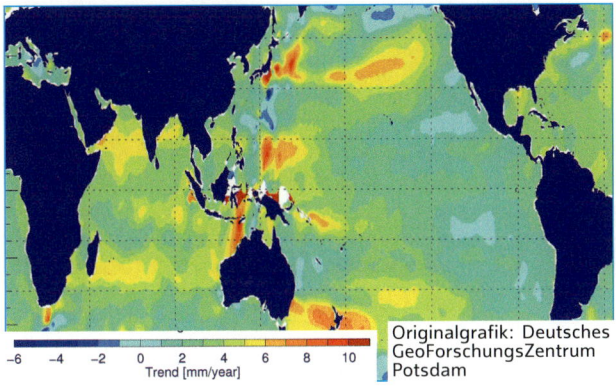

Originalgrafik: Deutsches GeoForschungsZentrum Potsdam

M5 *Globale Meeresspiegelveränderungen 1993–2017*

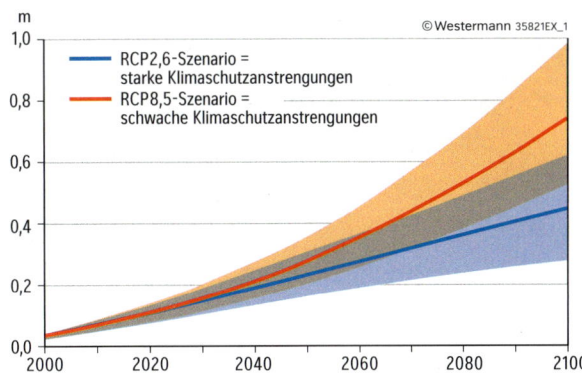

M7 *Projektionen des globalen Meerwasseranstiegs bis 2100*

Welcher Klimawandel?

[...] Das Dorf Narikoso auf Ono, einer von mehr als 300 Inseln des Pazifikstaats Fidschi, was es zu einer Südsee-Idylle braucht: Strand, Palmen, blaues Meer. Nur, dass es vom Wasser mittlerweile zuviel wird. Bei Flut steht der Pazifik nun direkt vor den Häusern. Grund dafür: der steigende Meeresspiegel. [...]

Kelepi Saukitoga, seine Frau Muriani und die vier Söhne werden umziehen müssen – weg vom Meer, ein paar hundert Meter weiter ins Innere der Insel. [...] Das Fundament seines Hauses ist kaputt. In den Mauern Risse und Feuchtigkeit. Die Erde draußen schlägt Blasen, so schwer ist sie mit Wasser getränkt. Der Boden ist völlig versalzen. [...]

Seit 1993 stieg der Meeresspiegel hier pro Jahr um durchschnittlich sechs Millimeter – also fast schon 15 Zentimeter. Wenn nichts getan wird, wird das Wasser zum Ende des Jahrhunderts vermutlich 1,40 Meter höher stehen. Aber selbst wenn das Pariser Klimaabkommen umgesetzt würde, wären es noch 65 Zentimeter. Auf manchen Fidschi-Inseln verlief die Küstenlinie vor ein paar Jahren noch 25 Meter weiter draußen. [...] Auf die wichtigsten Verursacher der Erderwärmung, die Industriestaaten, sind sie in Narikoso

nicht gut zu sprechen. [...] Allerdings wissen die Leute, dass sie auch selbst Schuld tragen. Auch hier wurden über Generationen hinweg Mangrovenwälder abgeholzt – um zu heizen, zu kochen, zu bauen. Vielerorts löst sich der Sandboden jetzt auf wie loses Strickzeug. „Natürlich sind wir Teil des Problems. Die Leute haben sich einfach keine Gedanken gemacht." Inzwischen kostet es umgerechnet etwa 410 Euro, wenn man beim Abholzen erwischt wird – das ist mehr als ein monatliches Durchschnittseinkommen.

Autorentext in Anlehnung an eine Agenturmeldung

M6 *Zeitungsartikel*

3 Analysiere globale Meeresspiegelveränderungen und erläutere deren Ursachen (Internet).

4 Neuseeland hat 2017 erstmals den Klimawandel als Asylgrund für eine Familie aus Kiribati anerkannt. Begründe.

M1 *Fischer in Samoa*

M4 *Kokospalmen*

Land	BIP
Palau	3 %
Neuseeland	7 %
Fidschi	11 %
Marschall-In.	15 %
Osttimor	20 %
Tuvalu	22 %
Vanuatu	28 %

M2 *Anteil der Landwirtschaft am BIP (2014)*

Begrenzte Nutzungsmöglichkeiten

Die Wirtschaft der meisten pazifischen Inselstaaten ist weitgehend geprägt durch traditionelle Fischerei und Landwirtschaft. Nur wenige verfügen über eine Industrie, die zumeist nur der Verarbeitung von Fisch und Agrarprodukten dient. Exportgüter sind vor allem Palmöl, Kopra, Kautschuk, Tee, Kakao, Zucker. Dem stehen Importe von Industrie- und Konsumgütern gegenüber.

Da der Landwirtschaft aufgrund der geringen Inselgröße nur kleine Flächen zur Verfügung stehen, gibt es kaum Plantagen. Die zumeist kargen Böden werden zur Selbstversorgung der Familien genutzt, Hauptanbauprodukte sind Taro, Yams, Bataten, Bananen und Bohnen.

Nahrung aus dem Meer

Die indigene Bevölkerung der Inseln nutzt Fische und andere Meerestiere der Riffe und Lagunen als Nahrungsquelle. Der Fischfang wird meist noch traditionell mit Ruten, Wurfnetzen und Reusen betrieben. Im Küstenbereich kommen kleine Boote mit ökologisch verträglichen Langleinen, Haken und Ködern zum Einsatz.

Den Großteil der Fische fangen jedoch große Hochseeflotten aus z. B. Japan, Taiwan, Südkorea, den Philippinen und den USA. Diese fischen ganze Fischschwärme ab. Abhilfe könnte das Hochseerecht schaffen, das jedem Küstenstaat eine 200 Meilen-Zone zur freien Verfügung und Kontrolle zuspricht.

www.transozeanien.org

www.pflanzen-lexikon.com

M3 *Kopra: Das weiße, fett- und eiweißreiche Fruchtfleisch der Kokosnuss dient zur Produktion von Öl und Margarine.*

M5 *Taro: Die Stärke speichernde Knollenfrucht dient als „Kartoffel der Tropen" zur Selbstversorgung.*

❶ Erläutere, wie die Kleinheit und weit verstreute Lage die wirtschaftliche Nutzung der Inseln beeinflussen.

❷ „Ozeaniens Reichtum schwimmt im Meer." Erläutere das Für und Wider der Aussage.

M6 *Geysir*

M8 *Schafzucht in den Neuseeländischen Alpen*

„Grüne Insel" Neuseeland

Die Doppelinsel Neuseeland verfügt über eine faszinierende landschaftliche Vielfalt. Sie wird oft auch „grüne Insel" genannt, was vor allem an der geringen Bevölkerungsdichte von 17 Ew./km² und der damit verbundenen Unberührtheit der Natur liegt. Neuseeland ist Teil des pazifischen Feuerrings mit einer hohen Erdbebenaktivität. Auf der vulkanischen Nordinsel gibt es ausgedehnte Thermalgebiete mit Geysiren; in der Bay of Plenty ist die Erdkruste so dünn wie sonst nirgends auf dem Planeten. Die Südinsel wird von einem jungen Faltengebirge mit vergletscherten Gipfeln durchzogen. Es ist der Staat, der am weitesten von Mitteleuropa entfernt liegt.

Nicht nur Schafe und Kiwi

Die natürlichen Bedingungen bieten günstige Voraussetzungen für eine landwirtschaftliche Nutzung, insbesondere für eine hochproduktive Viehwirtschaft. Während auf der wirtschaftlich stärker entwickelten Nordinsel Rinderhaltung betrieben wird, dominiert auf der Südinsel die Schafzucht. Daneben bieten Rotwild, Ziegen und Schweine wertvolle Rohstoffe für den Export (M10).
Auf großen Plantagen werden darüber hinaus Gemüse und Obst angebaut, vor allem Äpfel, Weintrauben, Kiwifrüchte.
Auch Holz entwickelte sich zu einer wichtigen Handelsware. Es wird zum Schutz der Wälder in Plantagen angepflanzt.

Agrarprodukt	Anteil
Schaffleisch	75 %
Wild	50 %
Milchprodukte	33 %
Kiwi	32 %
Wolle	27 %
Rindfleisch	8 %
Kernobst	5 %
Wein	2 %

M10 *Neuseeland: Anteil am Welthandel (2014)*

M7 *Kiwi: Die „chinesische Stachelbeere", eine an Vitamin C reiche Frucht, wird erst seit 1904 in Neuseeland angebaut.*

M9 *Forstwirtschaft: Circa ein Drittel der Nutzfläche (9,5 Mio ha) bestehen aus Wald oder Waldplantagen.*

www.newzealand.com/de

http://neuseeland-informationen.de

www.planet-wissen.de
(→ Völker Maori)

3 Begründe, weshalb Neuseeland viele Geysire und Vulkane hat und oft von Erdbeben heimgesucht wird.

4 Analysiere die Landwirtschaft Neuseelands. Nimm Stellung zu den weiten Transportwegen.

M1 *Nickelmine von Poro an der Ostküste Neukaledoniens*

M3 *Metallverarbeitungsfabrik Goro Nickel*

❶ Nickel

Elementsymbol Ni, festes, silberweißes Metall, lässt sich gut schmieden, verformen und polieren; zumeist Verwendung als Ni-Legierung

✎ www.ardmediathek.
de
(→ Neukaledonien)

Das „grüne Gold" Neukaledoniens

Im Gegensatz zur Mehrheit der kleinen Inselstaaten im Südpazifik verfügt das französische Überseegebiet Neukaledonien über große Rohstoffvorkommen, vor allem Nickel. Seit Beginn der Kolonialzeit im 19. Jahrhundert wird es in terrassenförmig angelegten Tagebauen gefördert. Exportiert wird nicht nur das Erz, sondern auch das mittlerweile in drei Fabriken weiter verarbeitete Nickel. Das von einem brasilianischen Großkonzern betriebene Goro-Projekt soll einen der weltgrößten Erzkörper der Welt erschließen und sozioökonomischen Aufschwung bringen. Es stieß von Beginn an auf Protest der indigenen Kanak-Bevölkerung.

Neukaledonien weist eine große biologische Vielfalt auf. Von mehr als 3000 Pflanzenarten sind aufgrund der isolierten Lage 40 % endemisch.
Das zweitgrößte Korallenriff der Erde weist eine reiche Flora und Fauna auf. Deshalb wurde es 2008 zum Weltnaturerbe erklärt. Dies jedoch nur in Zonen – ein Zugeständnis an die Nickelindustrie.
Und dieses hat ökologische Auswirkungen:
• Erosion an den Berghängen, über Flüsse Eintrag von Schwebstoffen
• Einleitung von Dünnsäure in die Lagune
• Metallanreicherungen in Organismen

M4 *Weltnaturerbe in Gefahr*

© Westermann 35901EX_1

andere **20,8**

Australien **24,4**

Südafrika **4,7**

Indonesien **5,8**

Philippinen **6,2**

Kuba **7,1**

Neukaledonien **8,6**

Russland **9,7**

Brasilien **12,8**

Quelle: USGS

Angaben in %

M2 *Nickelreserven 2016*

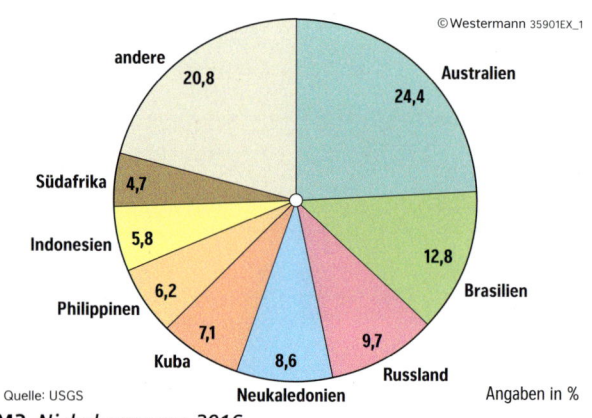

M5 *Nickelminen und Nickelverarbeitung in Neukaledonien*

❶ „Nickel? Das ist ein Metall des Teufels ... und ein Beitrag zur Landesentwicklung." Erörtere diese Aussage eines neukaledonischen Bergbauingenieurs.

Verletzliche Ökosysteme

Nauru – eine zerstörte Insel

Der kleinste Inselstaat der Erde ist ein Atoll mit maximalen Höhen von 61 m. Über Jahrtausende schufen in den Korallennasen nistende Seevögel einen wertvollen Rohstoff, Guano (Info). Als Nauru 1968 seine Unabhängigkeit von Australien erlangte, entwickelte sich rasch eine auf dem Phosphatabbau und -export basierende Monowirtschaft. Jährlich wurden bis zu 2 Mio. Tonnen exportiert. Das BIP pro Kopf war gemeinsam mit Saudi-Arabien das höchste der Welt. Die hohen Gewinne wurden vor allem in die Infrastruktur und das Bildungswesen investiert. Lebensmittel, Konsumgüter, Energie und Trinkwasser mussten importiert werden.

Seit 2003 ist der Phosphatabbau nahezu eingestellt. Zurück blieb eine Kraterlandschaft mit einem nur ca. 300 Meter breiten bewohnbaren Küstenstreifen. Für einen wirtschaftlichen

Korallennasen

Strukturwandel gibt es kaum Perspektiven. Die Arbeitslosigkeit ist hoch. Versuche, neue landwirtschaftliche Nutzflächen durch das Aufbringen von Humusboden zu schaffen, scheiterten. Auch als Atommüllendlager, Steueroase, Auffanglager für Flüchtlinge mit dem Ziel Australien oder mit einem Diabetes-Experiment geriet Nauru in die Schlagzeilen.

M6 *Beispiel Nauru*

Überstrahltes Paradies

Zwischen 1956 und 1958 führten die USA auf dem Bikini-Atoll 23 Atomtests durch. Die 167 damals hier lebenden Menschen wurden umgesiedelt – für eine kurze Zeit, hieß es damals. Doch auch sechs Jahrzehnte danach ist eine Rückkehr nicht möglich. Aufgrund einer zu hohen Strahlenbelastung bleibt die Insel unbewohnbar. Menschen und Tiere haben häufig Gen-Mutationen durchlaufen, die zu Krebserkrankungen führen können. Auch Kokosnüsse sind betroffen, da sich in ihnen radioaktives Wasser sammelt.

M7 *Beispiel Bikini-Atoll*

ⓘ Guano

Exkremente von Seevögeln, die sich unter dem Einfluss der Witterung zu Kalziumphosphat höchster Reinheit umwandeln, bedeutsam als natürlicher Dünger

M8 *Fischer auf Nauru*

www.nauru.de

www.scinexx.de
(→ Bikini-Atoll)

www.youtube.com
(→ Bikini-Atoll)

---

❷ Weise die Nachteile einer monostrukturierten Wirtschaft am Beispiel Naurus nach.

❸ Diskutiert die Verletzlichkeit sensibler Ökosysteme durch menschliche Eingriffe.

Wirtschaftsfaktor Tourismus

Für viele Touristen ist eine Reise nach Ozeanien ein Traumurlaub. Trotz des weiten Reiseweges aus Europa locken die exotischen Naturbedingungen und traditionellen Kulturen. Auch aus Asien reisen zunehmend Touristen an. Ob als Rucksacktouristen, Bildungsreisende, Strandurlauber oder Kreuzfahrer – für die meisten pazifischen Inselstaaten ist der Tourismus ein wichtiger Wirtschaftsfaktor.

www.tourismus.de/ozeanien/

Land	Beitrag zum BIP (in %)	Beschäftigte im Tourismus (in %)	Anteil an weltweiten Tourismusankünften (in %)
Australien	2,9	4,6	7,0
Neuseeland	5,2	9,1	2,1
Fidschi	14,5	13,0	0,2
Salomonen	3,9	3,3	k. A.
Deutschland	4,0	7,1	8,2

Quelle: World Travel & Tourism Council

M2 *Ausgewählte Tourismusdaten (2016)*

Bora Bora – „Perle der Südsee"

Das Atoll gehört zur Gruppe der Gesellschaftsinseln in Französisch-Polynesien und hat eine Landfläche von 38 km². Ein Korallensaum aus schmalen Inseln umschließt eine herrliche Lagune, in deren Mitte sich ein Krater erhebt (vgl. S. 95). Bora Bora zählt zu den exklusivsten Reisezielen der Erde. Besonders beliebt sind Luxushotels auf dem Wallriff. In Überwasser-Bungalows auf Stelzen kann man durch gläserne Böden die bunte Unterwasserwelt beobachten. Eine Attraktion für Taucher ist die „Rochenstraße", in der z. B. große Schwärme von Mantas vorkommen.
Zum Schutz dieses Paradieses wurden inzwischen die Riffinseln durch Unterwasserleitungen an das Ver- und Entsorgungsnetz angeschlossen, Meerwasserentsalzungs-, Kompostier- und Photovoltaikanlagen gebaut.

M1 *Tourismus auf Bora Bora*

1. Begründe die besondere Bedeutung des Tourismus für die pazifischen Inseln.

2. Analysiere das Potenzial und die Entwicklung des Tourismus auf Bora Bora.

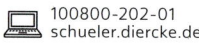

100800-202-01
schueler.diercke.de

- Verlagern Sie keine Lebewesen von und zu den Inseln.
- Füttern und Berühren der Tiere sowie ein Stören von Nistplätzen sind verboten.
- Beschädigen Sie keine Pflanzen, Tiere oder deren Überreste und nehmen Sie keine mit.
- Bringen Sie keine Lebensmittel mit auf unbewohnte Inseln.
- Lassen Sie keinen Abfall zurück, entsorgen Sie ihn auf dem Schiff.
- Der Aufenthalt ist nur an den dafür vorgesehenen und markierten Orten, von Sonnenaufgang bis Sonnenuntergang, erlaubt.
- Besuchen Sie den Nationalpark nur in Begleitung eines Naturführers.
- Kaufen Sie keine aus Pflanzen oder tierischen Materialien gefertigten Souvenirs.

M3 *Nationalparkregeln auf den Galapagos-Inseln*

M6 *Logo der Charles Darwin Foundation*

Arche Noah Galapagos

Die 13 größeren und rund 50 kleinen zu Ecuador gehörenden Galapagos-Inseln nehmen insgesamt nur eine Landfläche von 8000 km² ein. Sie liegen über einem Hotspot der Nazca-Platte, die sich ca. 7 cm/a auf Südamerika zubewegt. Ihr vulkanischer Ursprung, eine zumeist spärliche Vegetation, extreme klimatische Bedingungen unter dem Einfluss von Meeresströmungen, aber auch ihre abgeschiedene Lage ermöglichten die Entwicklung einer einmaligen Tierwelt: urzeitliche Meerechsen, Riesenschildkröten, Seelöwen, Kolonien von Meeresvögeln, Darwinfinken, Humboldt-Pinguine.

97 % der Landfläche und 99 % der sie umgebenden Gewässer bilden seit 1959 den Galápagos-Nationalpark. Der nach Charles Darwin benannten Forschungsstation ist zu danken, dass die Riesenschildkröte vor dem Aussterben bewahrt wurde und die ursprüngliche Artenvielfalt der Galapagos-Inseln heute noch zu 95 % intakt ist.
Jedoch wird das Ökosystem durch Zuwanderung und Tourismus bedroht. Mehr als 220 000 Besucher erkunden jährlich die Insel- und Meereswelt. Die Nationalparkbehörde regelt deshalb Schiffsgrößen, Routen, Anzahl der Touren sowie das Verhalten auf Landgängen (M3).

www.darwinfound-ation.org

www.galapagos-inseln-kreuzfahrt.com/galapagos.php

M4 *Riesenschildkröte*

M5 *Touristen bei einer „nassen" Landung*

3 Begründe, weshalb rund 40 Prozent der Tiere der Galapagos-Inseln endemisch sind.

4 Argumentiere: Tourismus im Ökosystem Galapagos muss nachhaltig sein.

KLASSENARBEIT

Thema: Australien – Möglichkeiten und Grenzen der Raumnutzung

1. Benenne die topographischen Objekte in der Kartenskizze.

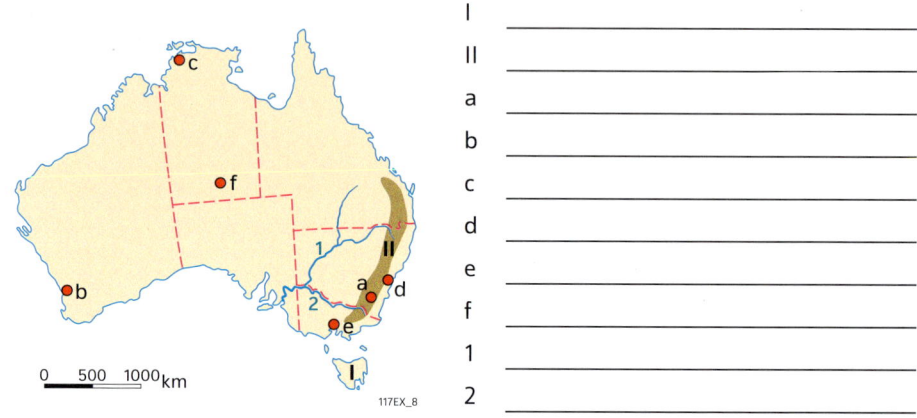

I	_____
II	_____
a	_____
b	_____
c	_____
d	_____
e	_____
f	_____
1	_____
2	_____

M1 *Kartenskizze*

2. Ordne die Klimadiagramme (M2) den richtigen Städten zu. Gib die Klimazone an.

Ort	Buchstabe des Klimadiagramms	Klimazone
Alice Springs		
Darwin		
Perth		
Sydney		

3. Nenne je zwei Tiere und Pflanzen, die nur in Australien leben. Begründe.

4. Formuliere mithilfe der Begriffe einen Text, der das Outback Australiens beschreibt. Streiche Begriffe, die nicht zu diesem Gebiet gehören.

5. Erläutere Gunst- und Ungunstfaktoren für die Wirtschaft Australiens.

6. Nimm Stellung zu der Entscheidung, dass der Uluru von Touristen nicht mehr bestiegen werden darf. Beziehe die Karikatur mit ein.

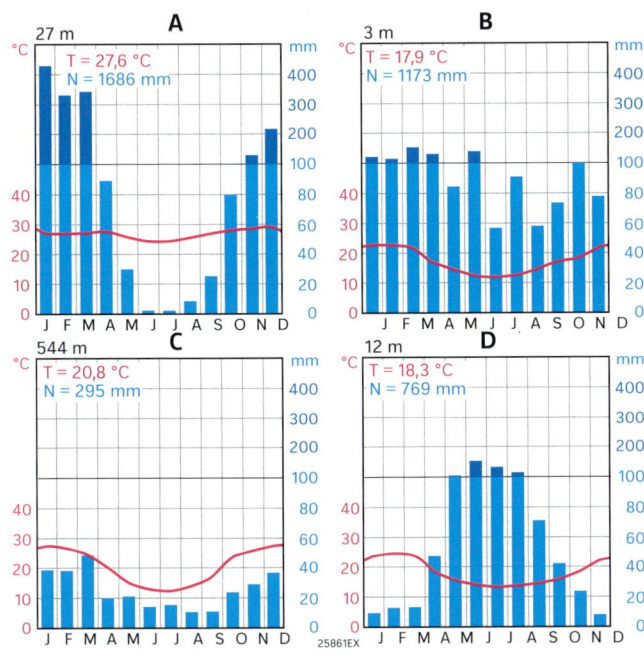

M2 *Klimadiagramme*

We've decided to compromise. We keep the land, the mineral rights, natural resources, fishing and timber, and in return we'll acknowledge you as the traditional owners of it.

CartoonStock.com

M3 *Karikatur*

Kompetenz-Check

Hier sind die Kompetenzen aufgeführt, die du in diesem Kapitel erwerben konntest.
Schätze deinen erreichten Stand der Kompetenzentwicklung selbst ein:

😃 sehr gut   🙂 gut   😐 befriedigend   🙁 mangelhaft

Ich kann …	😃	🙂	😐	🙁	Noch unsicher? Schlage nach auf S. …
… die Lagebesonderheiten Australiens und Ozeaniens und deren Gliederungen beschreiben.					76, 78, 92
… die Methode einer Raumanalyse unter einer selbst gestellten Leitfrage beschreiben.					77
… eine Raumanalyse zu Australien bzw. Ozeanien durchführen, dabei vielfältige fachspezifische Medien auswählen und auswerten sowie den Weg der Erkenntnisgewinnung reflektieren.					78–91, 92–103
… die Besiedlung Australiens beschreiben und Folgen aufzeigen.					78/79
… die Räume in natur- und anthropogeographische Orientierungsraster und Ordnungssysteme einordnen.					80, 88, 94, 98
… Besonderheiten der Tier- und Pflanzenwelt beschreiben und deren Ursachen erklären.					84/85, 96, 103
… Folgen des Klimawandels aufzeigen.					86, 97
… die Methode der Arbeit mit Profilskizzen beschreiben und bei der selbstständigen Auswertung und Anfertigung anwenden.					95 87
… die Raumnutzung analysieren und Raumnutzungskonflikte unter ökologischen Aspekten diskutieren.					88–91, 98–103

ON THE WAY TO EUROPE

1986

1981

1973

1951

1957

11286E

4 Aktionsraum Europa

In diesem Kapitel erwirbst du folgende Kompetenzen und wendest diese an:

– unterschiedliche Abgrenzungen und Gliederungen Europas aufzeigen,

– Europa in seiner kulturellen Vielfalt und Einheit charakterisieren,

– die Naturraumausstattung Europas analysieren und das Naturraumpotenzial mit anderen Kontinenten vergleichen,

– den Wirtschaftsraum Europa unter Einbeziehung von Raummodellen analysieren,

– Chancen und Probleme des europäischen Integrationsprozesses diskutieren,

– Handlungsfelder der Europäischen Union an Beispielen aufzeigen.

Die Europaflagge ist das Symbol der Europäischen Union und der Einheit Europas. Der Kreis der zwölf goldenen Sterne steht für die Verbundenheit der Völker Europas. Die Zahl Zwölf wurde gewählt, weil sie seit jeher für Vollkommenheit und Einheit steht.

M1 *Auf dem Weg zu einem gemeinsamen Europa*

M1 *Mont-Blanc-Massiv zwischen Frankreich und Italien*

❶ Sage von der Entstehung Europas

Nach einer Sage war Europa eine Königstochter in Asien. Sie war so schön, dass der Göttervater Zeus sich in sie verliebte. Zeus verwandelte sich in einen Stier und entführte die Königstochter auf seinem Rücken von Asien auf eine europäische Insel. Dort lebte sie als Königin an seiner Seite. Der ganze Kontinent sollte ihren Namen tragen: Europa.

Abgrenzung und Gliederung

Der Name „Europa" leitet sich von „ereb" – dunkel – ab. Das antike Seefahrervolk der Phönizier, das vor etwa 4 000 Jahren im äußersten Osten des Mittelmeerraums lebte, bezeichnete so die westlich gelegenen Gebiete, in denen abends die Sonne untergeht. Deshalb bekam Europa auch später den Namen Abendland. Einer griechischen Sage zufolge geht der Name Europa auf die phönizische Königstochter Europa zurück.

Europa ist flächenmäßig der zweitkleinste Kontinent und nimmt etwa sieben Prozent der Landfläche unserer Erde ein. Auf der relativ kleinen Fläche leben in 45 Staaten verhältnismäßig viele Menschen, die über 80 verschiedene Sprachen sprechen. Die meisten lassen sich auf einen gemeinsamen Ursprung – die indogermanische Sprache – zurückführen. Vom Nordpolarmeer im Norden bis zum Mittelmeer im Süden und vom Atlantischen Ozean im Westen bis zum Uralgebirge im Osten trifft man auf viele unterschiedli-

che Völker, Kulturen, Religionen, obwohl die Völker Europas gemeinsame Wurzeln haben. Vor rund 1,8 Mio. Jahren wurde Europa vom Homo erectus, aus Afrika kommend, erstmals besiedelt.

Darüber hinaus finden wir in Europa eine Vielfalt an Großlandschaften. Einmalig ist die Landverbindung Europas im Osten mit dem Erdteil Asien, die eine genaue Abgrenzung beider Kontinente schwierig gestaltet. Eine willkürlich festgelegte Grenzlinie verläuft über das Uralgebirge – Uralfluss – Nordufer des Kaspischen Meeres – Manytsch-Niederung – Schwarzes Meer – Bosporus – Marmarameer – Ägäisches Meer.

Im Norden, Westen und Süden ist Europa durch zahlreiche Inseln und Halbinseln stark gegliedert, hervorgerufen durch ein tiefes Hineinreichen von Meeren und Meeresbuchen des Atlantischen Ozeans in das Festland. Deshalb meinte der Geograph Alexander von Humboldt (1769 – 1859), dass der Kontinent Europa „eine zerfranste Halbinsel Asiens" sei.

1 Beschreibe die Lage Europas und vergleiche die Kontinente nach Flächengröße und Bevölkerungszahl (S. 8, M2; M7).

2 Vergleiche die Küstengliederung Europas mit der Australiens und der des Doppelkontinents Amerika.

M2 *Mittelatlantischer Rücken auf Island*

M4 *Grenze zwischen Europa und Asien in Magnitogorsk (Russland)*

M5 *Geografischer Mittelpunkt (Litauen)*

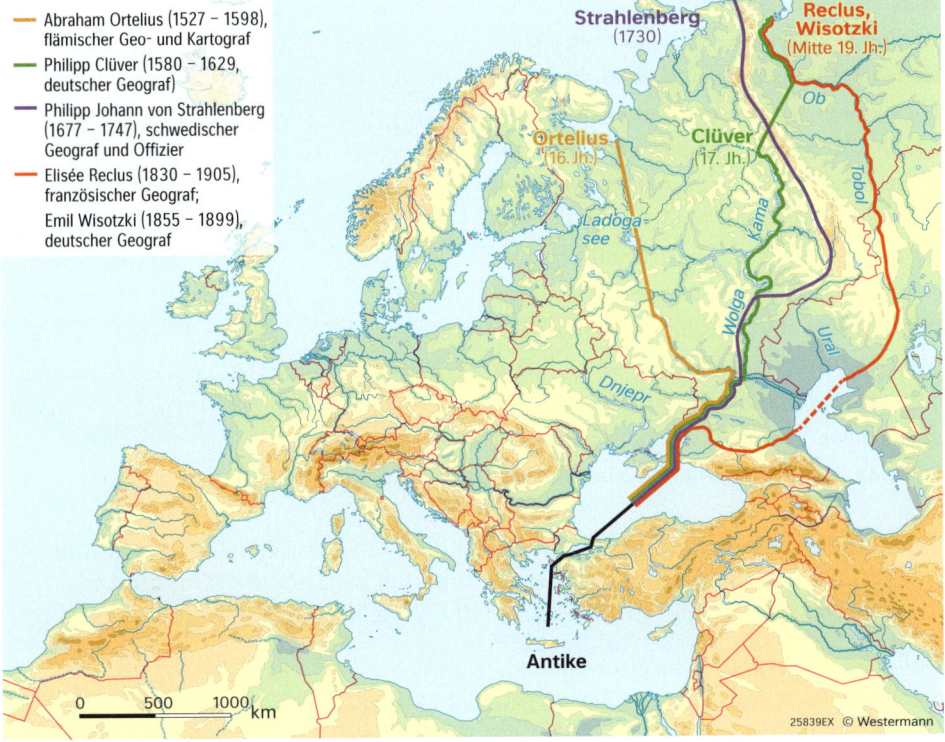

— Abraham Ortelius (1527 – 1598), flämischer Geo- und Kartograf
— Philipp Clüver (1580 – 1629, deutscher Geograf)
— Philipp Johann von Strahlenberg (1677 – 1747), schwedischer Geograf und Offizier
— Elisée Reclus (1830 – 1905), französischer Geograf; Emil Wisotzki (1855 – 1899), deutscher Geograf

M3 *Die Ostgrenze Europas im Wandel der Zeit*

www.weltder-wunder.de/artikel/zentral-gelegen-wo-ist-der-mittelpunkt-europas

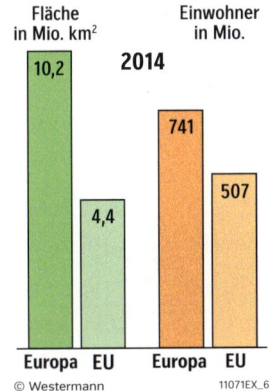

M6 *Größenvergleich Europa und EU*

❸ Beschreibe unterschiedliche Abgrenzungen Europas und erläutere die dabei zugrunde gelegten Kriterien.

❹ Informiere dich über die Schwierigkeiten, den geographischen Mittelpunkt Europas zu bestimmen.

Teilnehmende Länder: Albanien, Armenien, Aserbaidschan, Australien, Belgien, Bosnien und Herzegowina, Bulgarien, Dänemark, Deutschland, Estland, Finnland, Frankreich, Georgien, Griechenland, Großbritannien, Irland, Island, Israel, Italien, Kroatien, Lettland, Litauen, Malta, Mazedonien, Moldawien, Montenegro, Niederlande, Norwegen, Österreich, Polen, Portugal, San Marino, Schweden, Schweiz, Serbien, Slowenien, Spanien, Tschechien, Ukraine, Ungarn, Weißrussland, Zypern

M1 *Eurovision Song Contest 2017*

✎ www.lernhelfer.de
(→ Der Kontinent Europa im Überblick)

Wer ist europäisch?

„Woher kommst du?" Diese Frage lässt sich für uns je nach Ort, Maßstab und Blickwinkel auf unterschiedliche Weise beantworten, zum Beispiel: Magdeburger Vorstadt, Zeitz, Sachsen-Anhalt, Deutschland, Europa. Einem Münchener würdest du beispielsweise anders antworten als einem Brasilianer auf deiner Urlaubsreise. Dabei würde der Brasilianer eher zu Europa, uns Europäern und unserer Kultur eine konkrete Vorstellung haben als beispielsweise von Zeitz. Doch was macht Europas Kultur aus, was ist europäisch?

M4 *Karikatur*

M2 *Jedes Jahr am 26. September findet der Europäische Tag der Sprachen statt.*

1. **Religion:** Eine wichtige Klammer, die das „europäische Haus" zusammenhält, ist das Christentum. Die Bedeutung der christlichen Traditionen geht aber in Teilen Europas durch eine zunehmende Verweltlichung und Globalisierung immer weiter zurück.
2. **Kunst und Architektur:** Europäische Kirchen und Schlösser wurden zu bestimmten Zeiten oft nach ähnlichen Bauplänen errichtet. Auch die typischen Stilelemente von Malerei und Musik waren in ganz Europa bekannt und wurden teilweise nachgeahmt.
3. **Sprache:** Ab dem 4. Jahrhundert wurde Latein die Sprache der Kirche und der Gelehrten. Die heutigen Sprachen haben gemeinsame Wurzeln.
4. **Staatsform und Wertvorstellungen:** Fast alle europäischen Staaten bekennen sich zur Demokratie, einer Staatsform, die bereits vor über 2000 Jahren in Griechenland entstand. Das moderne Europa verbindet ferner das Bekenntnis der Völker zur Beachtung der Freiheit und Menschenwürde.

M3 *Was Europa verbindet*

100800-86-01
schueler.diercke.de

M5 *Mental Map Europas – gezeichnet von Carry aus den USA*

ⓘ Mental Map
Eine Mental Map ist eine Freihandzeichnung eines Landes oder Gebietes aus dem Gedächtnis. Alles, was zu einem bestimmten Thema bekannt ist, aber auch Erwartungen und Vorstellungen, können in die Mental Map eingezeichnet werden. Sie muss fachlich nicht korrekt oder maßstabsgetreu sein. Mental Maps zeigen somit die subjektive Sichtweise der Zeichnerin/des Zeichners.

M6 *Was macht Europa aus?*

① Erläutert, weshalb Europa als Kontinent der kulturellen Einheit und Vielfalt bezeichnet wird.

② Diskutiert, wie die individuelle Raumwahrnehmung die Perspektive auf Europa beeinflusst.

ℹ Naturraum-potenzial

Darunter wird die Gesamtheit der von der Natur bereitgestellten natürlichen Ressourcen wie Boden, Wasser, Relief, klimatische Voraussetzungen, aber auch bergbauliche und pflanzliche Rohstoffe verstanden. Das Naturraumpotenzial ist für bestimmte Nutzungen durch den Menschen von Interesse.

Geologischer Bau und Relief

- Nord- und Osteuropa: ehemaliger Urkontinent (Russische Tafel, Baltischer Schild), älteste Teile Europas
- Britische Inseln, West-Skandinavien (z. B. Schottisches Hochland, Skandinavisches Gebirge): Reste des in der frühen Erdaltzeit entstandenen kaledonischen Faltengebirges, glaziale Abtragungsgebiete im Pleistozän
- Tieflandgebiete Mittel- und Osteuropas (z. B. Norddeutsches Tiefland, Osteuropäisches Tiefland): glaziale Ablagerungsgebiete im Pleistozän
- Mittelgebirgslandschaft in zentralen Teilen (z. B. Zentralmassiv, Schwarzwald, Harz): Bruchschollengebirge, Bruch und Heraushebung von Resten des Variskischen Gebirges aus der späten Erdaltzeit im Tertiär
- Hochgebirge im südlichen Mitteleuropa, Süd- und Südosteuropa (z. B. Alpen, Pyrenäen, Karpaten): Alpidischer Faltengebirgsgürtel, Entstehung im Tertiär

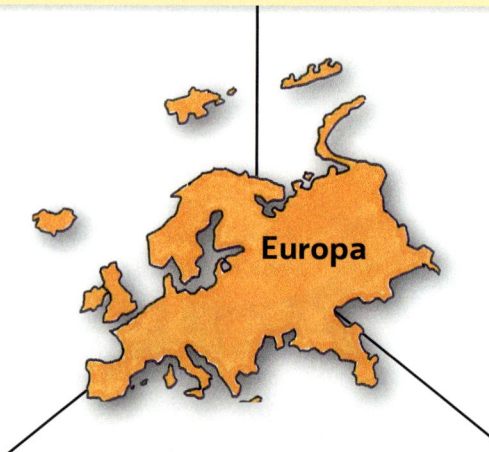

Europa

✎ www.lernhelfer.de (→ Der Kontinent Europa im Überblick)

Klima

- der größte Teil Nord- und Mitteleuropas, kühlgemäßigtes Klima, von Süd nach Nord geringer werdende Monatsmitteltemperaturen infolge abnehmender Sonneneinstrahlung, von West nach Ost mit wachsender Meeresferne zunehmende Kontinentalität
- weitere klimabeeinflussende Faktoren: Höhenlage, Golfstrom
- Mittelmeerraum mit subtropischem Klima (Winter: mild und feucht, Sommer: heiß und trocken)

Böden und Vegetation

- Böden als Ergebnis der Verwitterung unterschiedlicher Ausgangsgesteine und der Ablagerung durch exogene Kräfte
- Abfolge der natürlichen Vegetation im Wesentlichen entsprechend der der Klimazonen von Nord nach Süd: Tundra, borealer Nadelwald (Taiga), Misch- und Laubwald, Hartlaubgewächse; Differenzierung durch Relief und Boden; natürliche Vegetation fehlt weitgehend

M1 *Naturraumausstattung Europas*

❶ Analysiere die Naturraumausstattung Europas. Nutze dazu Atlas und Internet.

❷ Ordne den Kontinent Europa in verschiedene räumliche Ordnungssysteme ein.

So gehst du vor

1. Phase

Bildet gleich große Stammgruppen, z.B. drei Mitglieder pro Gruppe. Ordnet jedem Gruppenmitglied eurer Stammgruppe ein Unterthema zu.

2. Phase

Alle mit dem gleichen Unterthema bilden nun eine neue Gruppe. Bearbeitet das Unterthema in der Expertenrunde.

3. Phase

Kehrt in eure Stammgruppen zurück. Teilt euer Spezialwissen den anderen Gruppenmitgliedern mit.

1. Phase

2. Phase

3. Phase

© Westermann 17007EX

Gruppenpuzzle

Bei einem Gruppenpuzzle wird das Gesamtthema in Unterthemen gegliedert, mit denen sich dann jeweils ein Mitglied der Gruppe auseinandersetzt und somit zum Experten wird. Im Austausch mit den Experten desselben Teilthemas werden die Ergebnisse verbessert, ergänzt oder gefestigt. Anschließend präsentiert jeder seine Erkenntnisse und Materialien in seiner Stammgruppe. Das Themen-Puzzle wird somit zusammengefügt.

Analysiert die Naturraumausstattung Europas und schätzt das Naturraumpotenzial für die landwirtschaftliche, industrielle und touristische Nutzung ein.

Expertenrunde

| Unterthema: Das Naturraumpotenzial Europas für die landwirtschaftliche Nutzung. | Unterthema: Das Naturraumpotenzial Europas für die touristische Nutzung. | Unterthema: Das Naturraumpotenzial Europas für die industrielle Nutzung. |

Das Naturraumpotenzial Europas für die landwirtschaftliche, industrielle und touristische Nutzung (auf der Basis der Ergebnisse aus den Expertengruppen).

© Westermann 17006EX_1

M2 *Beispiel: Analyse der Naturraumausstattung und des Naturraumpotenzials Europas in Form eines Gruppenpuzzles*

③ Erörtere das Naturraumpotenzial Europas für eine vielfältige wirtschaftliche Nutzung.

④ Vergleiche das Naturraumpotenzial Europas mit dem Nordamerikas und Australiens.

M1 *Lage der EU auf der Erde*

M3 *Feier zur EU-Erweiterung*

M2 *EU-Binnenmarkt*

www.bpb.de/nachschlagen/zahlen-und-fakten/europa

Europa wächst zusammen?

Die Idee eines geeinten Europas geht zurück bis zu Karl dem Großen im 9. Jahrhundert. Bis in die Neuzeit scheiterten alle politischen Bemühungen dies durchzusetzen.

Mit dem Ende des Zweiten Weltkrieges standen die Staaten Europas vor der schwierigen Aufgabe des wirtschaftlichen Wiederaufbaus. Um diese zu erleichtern, gründeten Deutschland, Frankreich, Italien, Belgien, die Niederlande und Luxemburg 1951 die Europäische Gemeinschaft für Kohle und Stahl. Ziel des Zusammenschlusses war die Erleichterung des Kohle- und Stahlhandels zwischen den sechs Ländern.

1957 sollte die Idee der länderübergreifenden Zusammenarbeit zur wirtschaftlichen Stärkung und Sicherung mithilfe der Römischen Verträge aufgegriffen werden. Nach und nach wurde ein freier und uneingeschränkter Handel und Verkehr für Waren, Dienstleistungen, Kapital und Menschen geschaffen. Es entstand ein gemeinsamer europäischer Binnenmarkt. Mit seiner Einrichtung verloren die Ländergrenzen an wirtschaftlicher Bedeutung. Zum Schutz des Binnenmarktes werden gleichzeitig Außenzölle für die Einfuhr von Produkten aus Drittländern erhoben. Günstig produzierte Produkte aus Asien, Afrika oder Amerika werden durch die Einfuhrzölle teurer, sodass die Wettbewerbsfähigkeit europäischer Güter gesichert wird.

2016 waren 28 Länder Mitglieder der Europäischen Union und weitere Länder haben ihr Interesse an einer Mitgliedschaft bekundet.

In einem Volksentscheid am 23.06.2016 votierte die Mehrheit der Briten für den Austritt aus der EU.

---

1 Informiere dich über die Ziele und Mitgliedsstaaten der Europäischen Union. Beachte dabei den sich vollziehenden Wandel.

2 Beschreibe die Zusammenarbeit innerhalb der EU und auf den verschie-denen Politikfeldern (M3).

100800-98, 99
schueler.diercke.de

© **westermann** 8252EX_4

Die Europäische Union

| Erste Säule: Europäische Gemeinschaft | Zweite Säule: Gemeinsame Außen- und Sicherheitspolitik | Dritte Säule: Zusammenarbeit Innen- und Justizpolitik |

Erste Säule: Europäische Gemeinschaft
- Zollunion und Binnenmarkt
- Agrarpolitik
- Handelspolitik

Neue oder geänderte Regelungen für:
- Wirtschafts- und Währungsunion
- Unionsbürgerschaft
- Bildung und Kultur
- Verbraucherschutz
- Gesundheitswesen
- Forschung und Umwelt
- Sozialpolitik

Zweite Säule: Gemeinsame Außen- und Sicherheitspolitik

Außenpolitik
- Kooperation, gemeinsame Standpunkte und Aktionen
- Friedenserhaltung
- Menschenrechte
- Demokratie

Sicherheitspolitik
- Die Sicherheit der Union betreffende Fragen
- Abrüstung
- Wirtschaftliche Aspekte der Rüstung

Dritte Säule: Zusammenarbeit Innen- und Justizpolitik
- Asylpolitik
- Außengrenzen
- Einwanderungspolitik
- Kampf gegen Drogenabhängigkeit
- Bekämpfung des organisierten Verbrechens
- Justizielle Zusammenarbeit in Zivil- und Strafsachen
- Polizeiliche Zusammenarbeit

M4 *Zusammenarbeit in der EU (Das „Dreisäulen"-Modell)*

M6 *Europäisches Parlament in Straßburg*

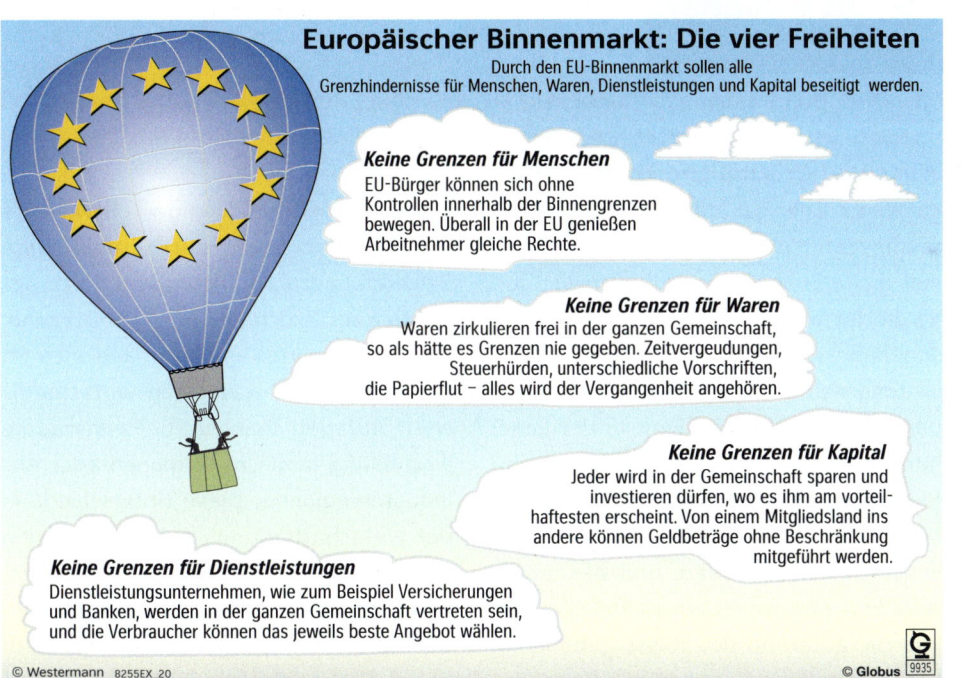

Europäischer Binnenmarkt: Die vier Freiheiten
Durch den EU-Binnenmarkt sollen alle Grenzhindernisse für Menschen, Waren, Dienstleistungen und Kapital beseitigt werden.

Keine Grenzen für Menschen
EU-Bürger können sich ohne Kontrollen innerhalb der Binnengrenzen bewegen. Überall in der EU genießen Arbeitnehmer gleiche Rechte.

Keine Grenzen für Waren
Waren zirkulieren frei in der ganzen Gemeinschaft, so als hätte es Grenzen nie gegeben. Zeitvergeudungen, Steuerhürden, unterschiedliche Vorschriften, die Papierflut – alles wird der Vergangenheit angehören.

Keine Grenzen für Kapital
Jeder wird in der Gemeinschaft sparen und investieren dürfen, wo es ihm am vorteilhaftesten erscheint. Von einem Mitgliedsland ins andere können Geldbeträge ohne Beschränkung mitgeführt werden.

Keine Grenzen für Dienstleistungen
Dienstleistungsunternehmen, wie zum Beispiel Versicherungen und Banken, werden in der ganzen Gemeinschaft vertreten sein, und die Verbraucher können das jeweils beste Angebot wählen.

© Westermann 8255EX_20   © Globus 9935

M5 *Vier Freiheiten im EU-Binnenmarkt*

www.erasmusplus.de

www.europeers.de

ⓘ **Institutionen der Europäischen Union**
- Europäischer Rat (Brüssel)
- Europäische Kommission und Ministerrat (Brüssel)
- Europäischer Gerichtshof (Luxemburg)
- Europäischer Rechnungshof (Luxemburg)
- Europäisches Parlament (Straßburg)
- Europol (Den Haag)

❸ Zeige an Beispielen auf, wie sich die Freiheiten des EU-Binnenmarktes auf dein persönliches Lebensumfeld auswirken bzw. auswirken könnten.

❹ Diskutiert Chancen und Risiken der vier Freiheiten des EU-Binnenmarktes. Nutzt dazu M5 und aktuelle Meldungen.

M1 *Europa bei Nacht – zeigt räumliche Disparitäten*

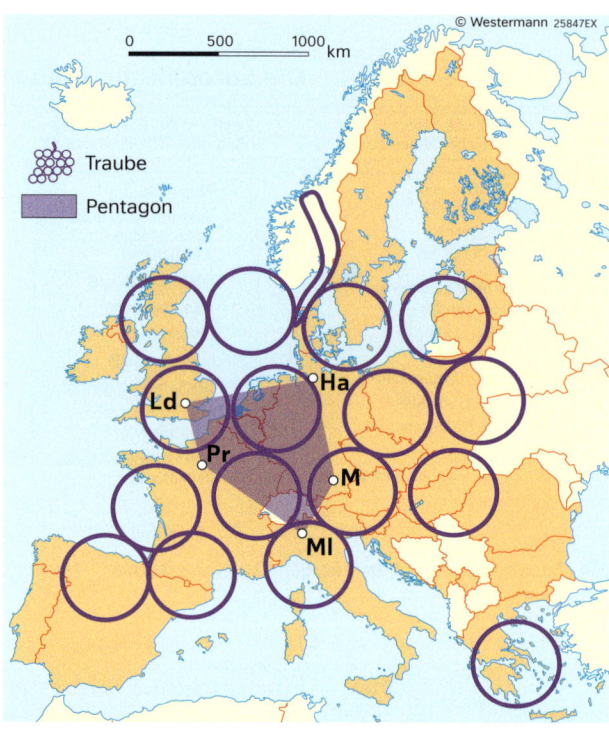

M3 *Raummodelle „Traube" und „Pentagon"*

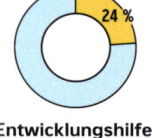

Handel
(Exporte, ohne EU-Binnenhandel)

15 %

Wirtschaftsleistung (BIP)

24 %

Entwicklungshilfe

54 %

Quelle: Eurostat,
Global Carbon Projekt, OECD

25838EX
© Westermann

M2 *Die EU in der Welt*

Wirtschaftsräumliche Disparitäten in Europa

Europa ist einer der stärksten Wirtschaftsräume der Welt. Trotzdem treten auch hier große Entwicklungsunterschiede auf. So gibt es wirtschaftlich starke Regionen, sogenannte Zentren, deren Wirtschaftsleistung deutlich über dem gesamteuropäischen Durchschnitt liegt. In der Regel handelt es sich hierbei um städtische Regionen, die zum Beispiel über eine hoch entwickelte Infrastruktur verfügen, in denen der sekundäre und der tertiäre Sektor eine bedeutende Rolle spielen und die aufgrund des meist gehobenen Lebensstandards eine deutliche Zuwanderung an Arbeitskräften aufweisen. Demgegenüber sind Peripherien gekennzeichnet durch eine geringe Wirtschaftskraft, durch eine weniger entwickelte Infrastruktur sowie durch rückläufige Bevölkerungszahlen, verursacht durch Abwanderung und/oder Geburtenrückgang. Hierdurch mangelt es diesen Regionen oft an Fachkräften, was einen wirtschaftlichen Aufstieg erschwert. Passivräume sind häufig ländliche Regionen oder Altindustrieregionen. Diese Unterschiede in der wirtschaftsräumlichen und sozialen Entwicklung von Regionen bzw. Staaten, können ihre Ursache in Ungleichheiten der naturräumlichen Ausstattung (z. B. Klima, Böden, Ressourcen) oder auch in politisch-gesellschaftlichen Entwicklungen (z. B. Konflikte, unterschiedliche Herrschaftssysteme) haben.

1 Weise nach, dass der Wirtschaftsraum Europa Disparitäten aufweist. Benenne dazu Zentren und Peripherien.

2 Werte unter Nutzung der Schrittfolge verschiedene Modelle zur europäischen Raumstruktur und Raumentwicklung aus.

100800-100, 101
schueler.diercke.de

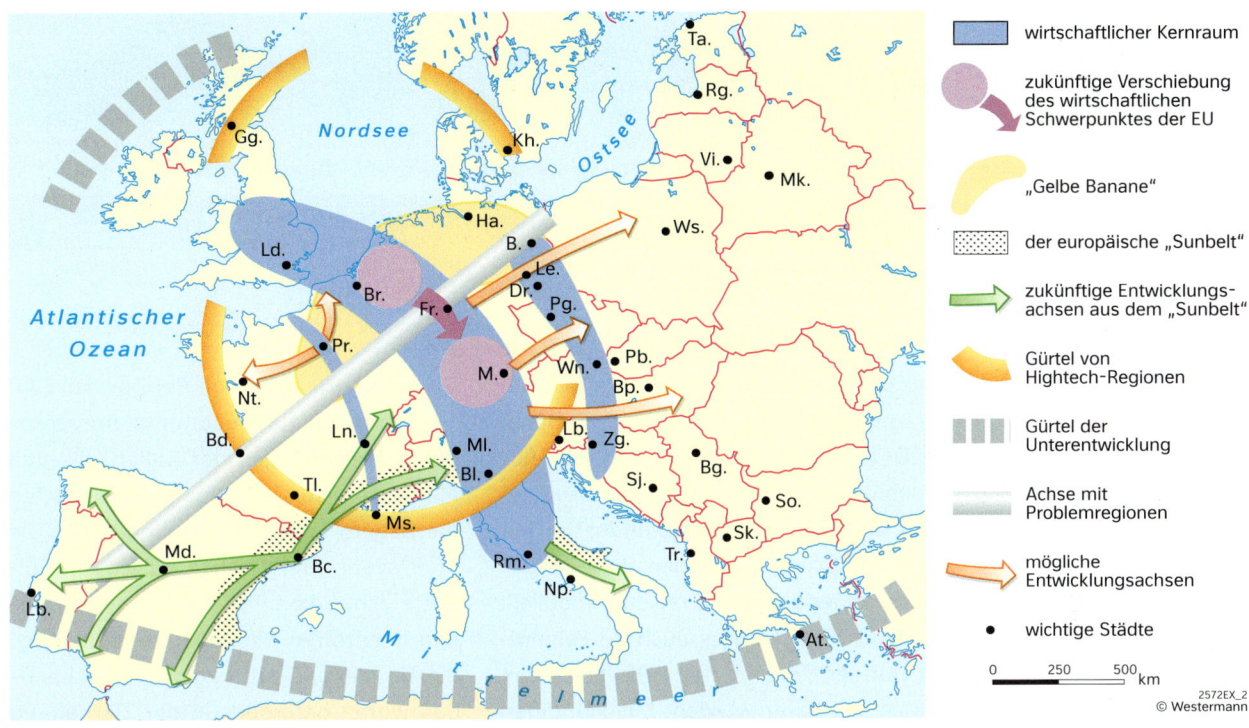

M4 *Wirtschaftliche Raummodelle – Zentren und Peripherien in Europa*

Legende:
- wirtschaftlicher Kernraum
- zukünftige Verschiebung des wirtschaftlichen Schwerpunktes der EU
- „Gelbe Banane"
- der europäische „Sunbelt"
- zukünftige Entwicklungsachsen aus dem „Sunbelt"
- Gürtel von Hightech-Regionen
- Gürtel der Unterentwicklung
- Achse mit Problemregionen
- mögliche Entwicklungsachsen
- wichtige Städte

Im Zuge von gesellschaftlichen und wirtschaftlichen Veränderungen in Europa in den letzten Jahrzehnten haben Wissenschaftler nacheinander verschiedene Modelle zur europäischen Raumstruktur entworfen, die diese Entwicklungstendenzen aufzeigen sollen: von der „Blauen Banane" über die „Gelbe Banane", die „Traube" bis hin zum sogenannten „Pentagon". In ihm konzentriert sich bis heute die Wirtschaftskraft der EU. Im Modell der „Blauen Banane" bildete der französische Wissenschaftler Roger Brunett 1989 seine Forschungsergebnisse zu den räumlich-strukturellen Disparitäten in Europa kartografisch ab. Dieses Modell wurde stets weiterentwickelt. Im heutigen Modell sind weitere spezifische, sich möglicherweise entwickelnde Kernräume eingearbeitet, wie der „Sunbelt" oder auch die „Gelbe Banane".

Die „Traube" (M3) steht als Bild für die sehr zuversichtliche Annahme der Entwicklung einer Vielzahl von Wirtschaftsstandorten bzw. Metropolregionen.

M5 *Modelle zur europäischen Raumstruktur*

So gehst du vor

1. Thema
- Gib den Titel der kartografischen Skizze an.
- Nenne die dargestellten Raummodelle.

2. Kernaussagen
- Beschreibe die Raummodelle.
  Gib dazu deren Lage, Ausdehnung und Struktur an.
- Zeige dargestellte Entwicklungen und Entwicklungsachsen auf.

3. Erklärung
- Leite Gründe für Strukturen und Entwicklungsrichtungen bzw. -prozesse ab.

4. Grenzen des Raummodells
- Zeige auf, wo das Modell so stark verallgemeinert, dass es nicht für die Untersuchung eines Einzelraumes geeignet ist.

www.bbsr.bund.de
(→ Themen → Raumentwicklung → Raumentwicklung in Europa)

www.bmvi.de
(→ Themen → Raumentwicklung → Europaeische-Raumentwicklung)

M1 *Biogasanlage in Sachsen-Anhalt*

Gemeinsame Agrarpolitik (GAP) in Europa

Im Europa der Nachkriegszeit lag der Versorgungsgrad bei 85 Prozent. Durch die GAP der EG bzw. EU konnte seit 1962 zunehmend die Versorgung der Bevölkerung und der Lebensmittelindustrie mit einem stabilen, vielfältigen Warenangebot zu angemessenen Preisen ermöglicht werden. Dabei kam es auch zu Fehlentwicklungen, die in den 1980er-Jahren immer spürbarer wurden. Mit ständigen Korrekturen versuchte man, die Krisen zu meistern. Es kam zur Drosselung von Produktionsmengen, die später mit der Förderung ökologischer und agrarstruktureller Verbesserungen verknüpft wurden. Die 1984 eingeführten Milchquoten trockneten den Milchsee nicht aus. Auch die seit 1988 gezahlten Prämien für Flächenstilllegungen und Betriebsaufgaben sowie Mengenbegrenzung der Abnahmegarantie bestimmter Produkte erzielten nicht die gewünschten Erfolge.

Die erste grundlegende Reform der GAP 1992 brachte für bestimmte Agrarprodukte Absenkungen der Außenzölle und Mindestpreise. Zum Ausgleich erhielten die Bauern Einkommenshilfen, wenn sie 15 Prozent ihrer Flächen stilllegten. Solche Flächen konnten mit nachwachsenden Rohstoffen bepflanzt werden. Auch die Umstellung auf ökologischen Landbau wurde gefördert. In der Tierhaltung koppelte man Ausgleichszahlungen an Höchstbesatzdichten pro Hektar Nutzfläche.

Die Reformen von 2005 und 2015 ziel(t)en auf nachhaltigere und qualitätsbewusstere Produktionsweisen, vereinfachte agrarpolitische Instrumente, eine gerechtere, ökologischere Struktur der Prämienzahlungen und verstärkte Förderung der Entwicklung des ländlichen Raumes, damit die Landwirtschaft der EU noch wettbewerbsfähiger und nachhaltiger wird.

ⓘ Subventionen
Es sind Finanzhilfen, die der Staat einzelnen Unternehmen oder Wirtschaftsbereichen auszahlt, die bei der wirtschaftlichen Entwicklung benachteiligt sind. Der Staat erhält für die Zahlungen keine Gegenleistung in wirtschaftlicher, monetärer oder steuerlicher Art.

Die Landwirtschaft Sachsen-Anhalts ist in die EU-Agrarpolitik eingebunden. Flächenstilllegungen, Abschaffung der Käfighaltung sowie Inanspruchnahme von Fördermitteln sind einige Beispiele, wie sich die GAP auf die Landwirtschaft auswirkt. In Kopplung mit den Erneuerbare-Energien-Richtlinien der EU kam es zu weiteren Veränderungen in der hiesigen Landwirtschaft. Eine wichtige Rolle spielt dabei das Biogas. Für viele landwirtschaftliche Betriebe Sachsen-Anhalts stellt die Erzeugung und Nutzung von Biogas eine alternative Einkommensquelle dar. Die für die Produktion von Biogas benötigten Energiepflanzen wie Mais und Raps bauen die Landwirte teilweise auf ihren Stilllegungsflächen an. Jedoch besteht bei steigender Zahl der landwirtschaftlichen Biogasanlagen auch ein erhöhter Flächenbedarf zum Anbau dieser Kulturen, was zum Konflikt zwischen Nahrungsmittelproduktion und Anbau von Energierohstoffen führen kann.

M2 *Sachsen-Anhalt – Landwirtschaft und die GAP*

100800-96, 97
schueler.diercke.de

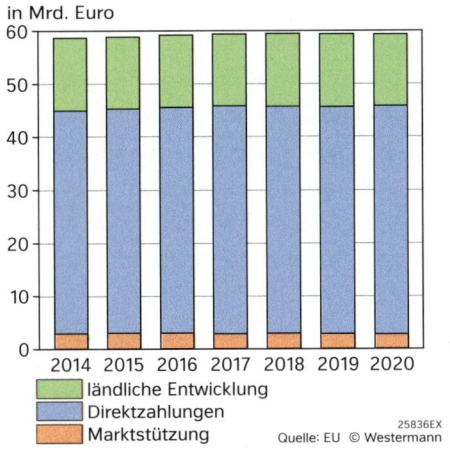

in Mrd. Euro

ländliche Entwicklung
Direktzahlungen
Marktstützung

25836EX
Quelle: EU © Westermann

M3 *Ausgaben der GAP 2014 – 2020*

M6 *Bauernproteste gegen die Agrarpolitik*

Die GAP unterstützt Landwirte dabei, eine Versorgung mit qualitativ hoch-
wertigen Lebensmitteln zu gewährleisten, den Klimawandel zu bekämpfen
und die Vielfalt der europäischen Landwirtschaft zu erhalten. Dazu stellt
sich die EU-Förderung auf zwei Säulen:
1. Direktzahlungen an die Landwirte, die – bei Erfüllung jeweiliger „grüner"
   Auflagen – je Hektar landwirtschaftlicher Fläche gewährt werden
2. gezielte Förderprogramme für nachhaltige und umweltschonende Bewirtschaftung und ländliche Entwicklung

M4 *Zwei Säulen der EU-Förderung*

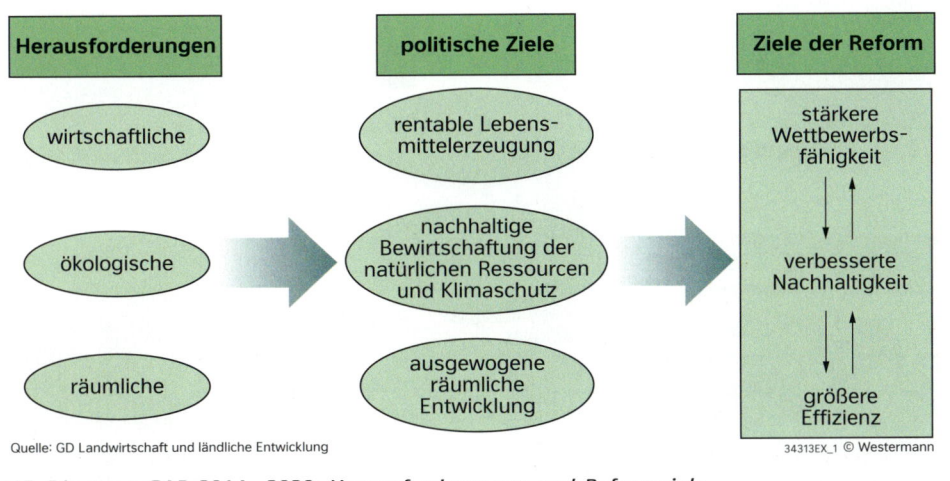

Quelle: GD Landwirtschaft und ländliche Entwicklung

34313EX_1 © Westermann

M5 *Die neue GAP 2014 – 2020: Herausforderungen und Reformziele*

www.bmel.de
(→ Grundzüge der
Gemeinsamen Agrar-
politik

www.deutschland-
funk.de
(→ Butterberge und
Bauernsorgen)

❶ Begründe die Notwendigkeit der
GAP und beschreibe wesentliche
Ziele und Maßnahmen der GAP
2014 – 2020.

❷ Informiere dich im Internet über
die Begriffe BSE-Skandal und But-
terberg.
Nenne Folgen der Ereignisse für
die GAP.

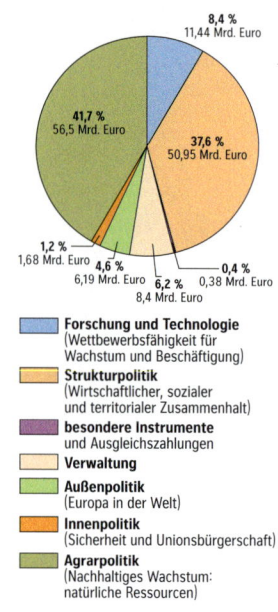

8,4 %
11,44 Mrd. Euro

41,7 %
56,5 Mrd. Euro

37,6 %
50,95 Mrd. Euro

1,2 %
1,68 Mrd. Euro

4,6 %
6,19 Mrd. Euro

6,2 %
8,4 Mrd. Euro

0,4 %
0,38 Mrd. Euro

- **Forschung und Technologie** (Wettbewerbsfähigkeit für Wachstum und Beschäftigung)
- **Strukturpolitik** (Wirtschaftlicher, sozialer und territorialer Zusammenhalt)
- **besondere Instrumente** und Ausgleichszahlungen
- **Verwaltung**
- **Außenpolitik** (Europa in der Welt)
- **Innenpolitik** (Sicherheit und Unionsbürgerschaft)
- **Agrarpolitik** (Nachhaltiges Wachstum: natürliche Ressourcen)

M1 *Haushalt der EU 2015*

Hilfen für strukturschwache Gebiete

Die Europäische Union ist eine „Solidargemeinschaft". Das heißt, sie sorgt dafür, dass die wirtschaftlich stärkeren Mitgliedsstaaten den schwächeren Mitgliedsstaaten helfen. Dies geschieht, indem den ärmeren EU-Regionen aus einem gemeinsamen EU-Haushalt mehr Gelder zufließen als den reicheren. Dadurch soll den Menschen in den wirtschaftlich schwächeren Regionen der EU zu einem höheren Lebensstandard verholfen werden.

„Beim Geld hört die Freundschaft auf", sagt der Volksmund. So ist auch jeder neue EU-Haushalt bei den EU-Mitgliedern umstritten. Oft gehen der Verabschiedung des Haushalts monatelange Beratungen voraus. Alle 28 Staaten (2018) zahlen in die Haushaltskasse ein. „Reichere" Staaten, wie Deutschland, Frankreich und Dänemark, zahlen mehr als „ärmere".

Die zwei größten Haushaltsposten sind die Gelder für die Agrarpolitik sowie für die Strukturpolitik. Beide dienen ebenfalls dem Ziel, die wirtschaftlichen Disparitäten innerhalb der EU abzubauen.

Das Geld des EU-Haushalts wird auch für eine Vielzahl unterschiedlicher Projekte eingesetzt. Dies können auch Projekte in „reicheren" EU-Staaten sein, denn auch dort gibt es Regionen, die die Unterstützung der EU benötigen. Auch in Sachsen-Anhalt werden viele Projekte gefördert. In der Förderperiode 2014 bis 2020 erhält das Bundesland Sachsen-Anhalt über den EFRE-Fonds (+EU-Regionalfonds) und den ESF-Fonds 2039 Millionen Euro von der EU. Für besondere Ausbildungsprogramme von Langzeitarbeitslosen und Jugendlichen stellt die Europäische Union ebenfalls finanzielle Mittel zur Verfügung.

www.europa.
sachsen-anhalt.de

www.europaeische-
vision.de/typo/in-
dex.php?id=150

M2 *Schwerpunktbereiche der EU-Förderung*

❶ Begründe, weshalb die EU einen eigenen Haushalt hat. Werte M1 aus.

❷ Nenne die Schwerpunktbereiche der EU-Förderung bis 2020. Ordne ihnen die Fotos in M2 zu.

Die EU hat sich ehrgeizige Ziele gesetzt, die sie bis 2020 in fünf Schwerpunktbereichen erreichen will:

- Beschäftigung: 75 Prozent der Bevölkerung im Alter von 20 bis 64 Jahren haben Arbeit.
- Innovation: Drei Prozent des BIP der EU sollten für Forschung und Entwicklung aufgewendet werden.
- Bildung: Der Anteil der Schulabbrecher sollte auf unter zehn Prozent abgesenkt werden und mindestens 40 Prozent der 30- bis 40-Jährigen sollten einen Hochschulabschluss oder einen vergleichbaren Abschluss erreichen.
- Die 20/20/20-Klimaschutz-/Energie-Ziele:
- Treibhausgas-Emissionen sollen um 20 Prozent gegenüber 1990 sinken.
- Anteil erneuerbarer Energien soll auf 20 Prozent steigen.
- Primärenergieverbrauch soll durch eine Steigerung der Energieeffizienz um 20 Prozent gegenüber dem für 2020 prognostizierten Niveau sinken.
- Armut: Die Zahl der armutsgefährdeten Personen sollte um 20 Mio. sinken.

M3 *Ziele der EU-Förderung bis 2020*

ⓘ Förderung mit Fonds

Die EU-Strukturpolitik wird über drei wichtige Fonds finanziert, die im Rahmen bestimmter Ziele eingesetzt werden können: Europäischer Fonds für regionale Entwicklung (EFRE), Europäischer Sozialfonds (ESF), Kohäsionsfonds.

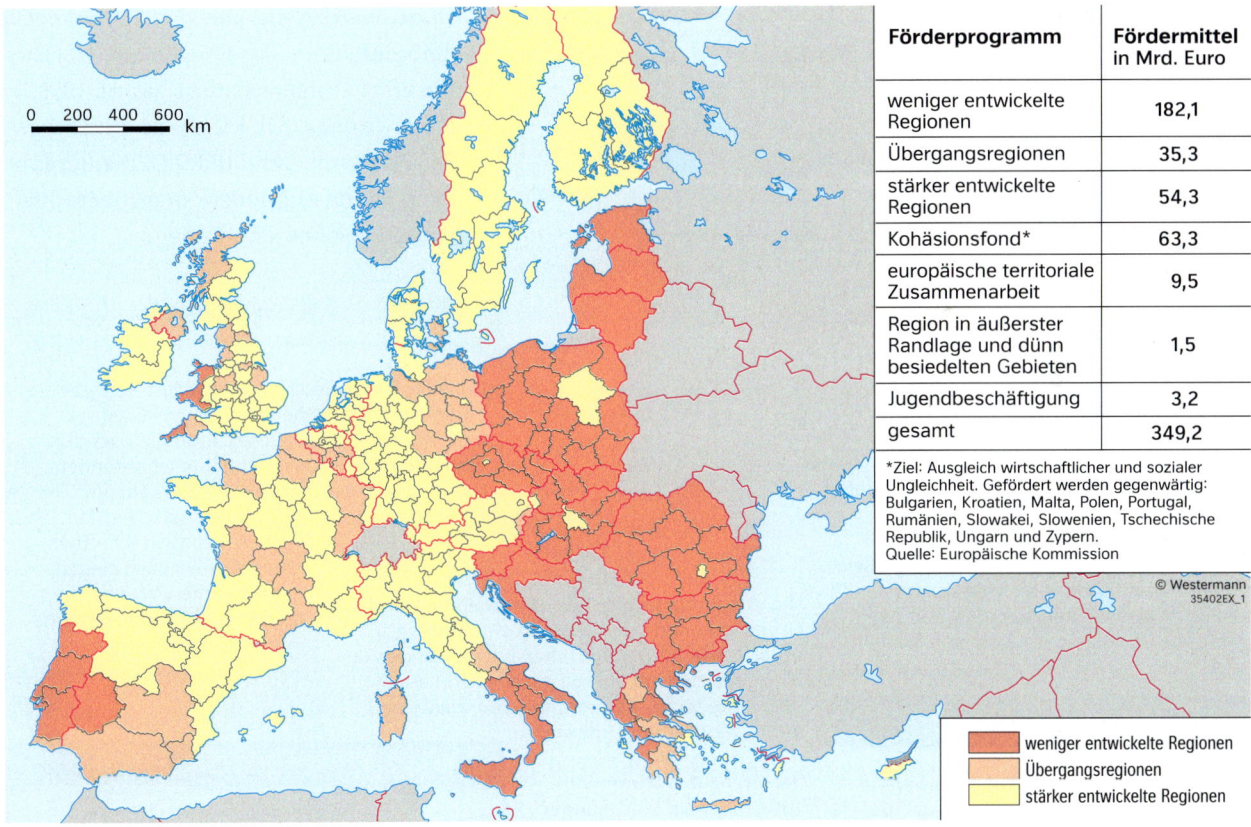

Förderprogramm	Fördermittel in Mrd. Euro
weniger entwickelte Regionen	182,1
Übergangsregionen	35,3
stärker entwickelte Regionen	54,3
Kohäsionsfond*	63,3
europäische territoriale Zusammenarbeit	9,5
Region in äußerster Randlage und dünn besiedelten Gebieten	1,5
Jugendbeschäftigung	3,2
gesamt	349,2

*Ziel: Ausgleich wirtschaftlicher und sozialer Ungleichheit. Gefördert werden gegenwärtig: Bulgarien, Kroatien, Malta, Polen, Portugal, Rumänien, Slowakei, Slowenien, Tschechische Republik, Ungarn und Zypern.
Quelle: Europäische Kommission

© Westermann
35402EX_1

- weniger entwickelte Regionen
- Übergangsregionen
- stärker entwickelte Regionen

M4 *Förderregionen der EU (Planungsperiode 2014 – 2020)*

❸ Erörtere, inwieweit der Abbau räumlicher Disparitäten innerhalb Europas als politisches Ziel der EU sinnvoll ist.

❹ Informiere dich über Förderschwerpunkte der EU in Sachsen-Anhalt (Internet).

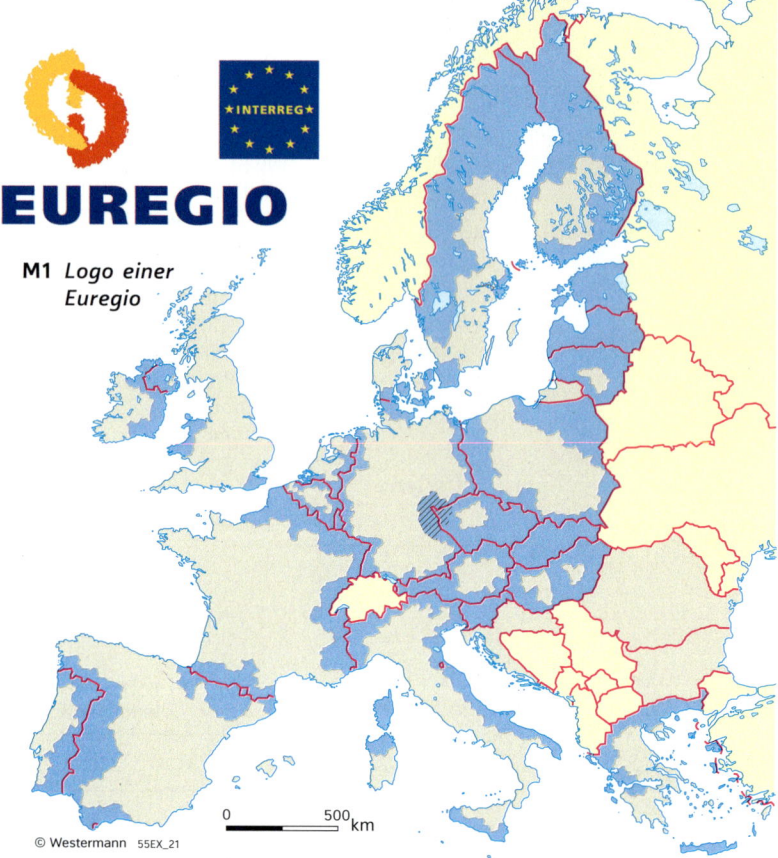

M1 *Logo einer Euregio*

M2 *INTERREG – Förderung von Europas Grenzregionen*

Zusammenarbeit an Grenzen

Grenzgebiete zwischen Staaten zeigen immer zwei Probleme auf: Erstens stellt jede Grenze einen Einschnitt, eine Zerschneidung des Wirtschafts- und Kulturraums dar. Zweitens wurden Grenzgebiete in der Vergangenheit von der nationalen Politik aufgrund der Lage am Rand des Staatsgebiets häufig vernachlässigt.

Mit jeder Erweiterung der EU auf 28 Staaten (2015) wurden ehemalige Außengrenzen der Staaten zu Binnengrenzen. Entlang dieser EU-Binnengrenzen entwickelten sich zahlreiche **Euregios**, die grenzüberschreitend zusammenarbeiten. Dabei werden sie von der EU finanziell gefördert.

Die erste Zusammenarbeit gab es 1958 im Raum Gronau (D)/Enschede (NL). Diese Region nannte sich EUREGIO. Die Bezeichnung wurde auf andere grenzüberschreitende Regionen übertragen.

1. Raum

Räumliche Strukturen werden an Grenzen oft zerschnitten. Jedes EU-Mitglied hat seine eigene Raumplanung und Planungen von Verkehr, Transport und anderen Infrastrukturmaßnahmen. In einem Grenzgebiet müssen daher unterschiedliche Systeme zwischen zwei Staaten aufeinander abgestimmt werden. Die EU-Bürger der Grenzgebiete sollen über Pläne ihrer Lebensumgebung in der Region diesseits und jenseits der Grenze mitbestimmen können.

2. Arbeit

Eine Erweiterung des Arbeitsmarkts ist eine Chance für die Bewohner des Grenzgebietes. Durch Stellensuche im Nachbarland oder eine Ausbildung jenseits der Grenze verbessern sich die beruflichen Perspektiven der EU-Bürgerinnen und -Bürger in Grenzräumen. Zur Schaffung eines grenzüberschreitenden Arbeitsmarktes gehört auch, dass Ausbildungspläne und Zeugnisse gegenseitig anerkannt werden.

3. Wirtschaft

Die Zusammenarbeit von Unternehmen und Organisationen zur besseren Nutzung wirtschaftlicher und technischer Entwicklungen wird angeregt. Auch soll es eine grenzüberschreitende Kooperation von klein- und mittelständischen Unternehmen geben. Weiterhin soll der grenzüberschreitende Tourismus als wachsender Wirtschaftszweig überregional ausgebaut werden.

4. Umwelt, Natur, Landwirtschaft

Umwelt, Natur und Landwirtschaft sind die natürlichen Bindeglieder in einem Grenzgebiet. Aber nationale Gesetze und Vorschriften verhindern oft einen grenzüberschreitenden Umgang mit den natürlichen Ressourcen. Dies soll abgeschafft werden. So suchen Landwirtschaftsorganisationen nach neuen gemeinsamen Wegen für landwirtschaftliche Betriebe in den Grenzregionen.

5. Mensch

Kontakte zwischen Bürgern aller Gruppen sollen in den Euregios gefördert werden. Auch die grenzüberschreitende Zusammenarbeit von Behörden, wie Feuerwehr und Polizei, speziell im Katastrophenschutz, wird unterstützt. Im Bereich der Sprachförderung sollen gemeinsame Kulturprojekte und Veranstaltungen das gegenseitige Verständnis stärken.

M3 *Fünf Bereiche der Zusammenarbeit an den Grenzen*

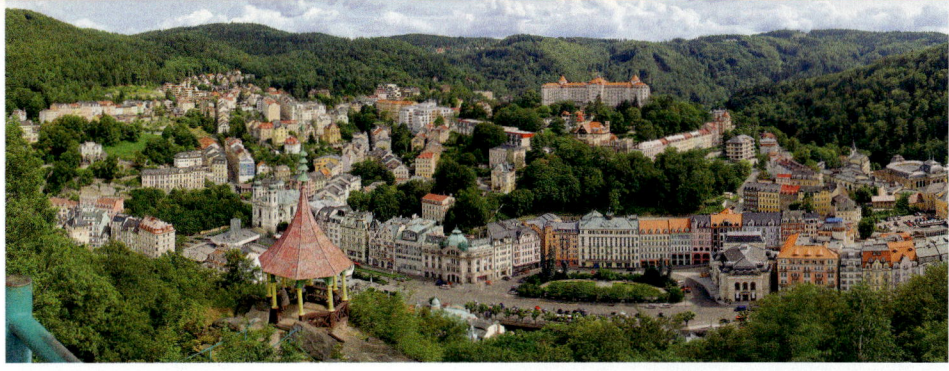

M4 *Blick auf Karlsbad*

Beispiel Euregio Egrensis

Die Euregio Egrensis wurde 1993 gegründet. Zu ihr gehören die grenznahen Regionen Thüringens, Sachsens, Bayerns sowie Böhmens in der Tschechischen Republik. Diese Regionen werden von drei Arbeitsgemeinschaften vertreten.

Die Euregio stellt sich die Aufgabe, grenzübergreifende Strukturen in den fünf Bereichen (M3) zu entwickeln.

Damit wird sich die Lebensqualität der Bevölkerung im grenznahen Raum verbessern.

Für die Mobilität ist vor allem der Ausbau der grenzüberschreitenden Verkehrswege wichtig. So wurde zum Beispiel die E 49 im Anschluss an die A 72 nach Eger und Karlsbad vierspurig ausgebaut.

M6 *Euregio Egrensis*

Mit dem Karlsroute-Radwanderweg wird eine grenzüberschreitende Radroute zwischen Sachsen und Böhmen geschaffen. Die Karlsroute wird über den Erzgebirgskamm hinweg überregionale Radrouten verbinden. Entlang der Hauptroute entstehen mehrere Zubringer- und Nebenrouten, die mit der Hauptroute verknüpft werden. Dadurch wird eine zusätzliche radtouristische Erschließung dieses Teils des Erzgebirges ermöglicht.[1]

Das Projekt kostete etwa 2,2 Mio. Euro. 81 Prozent der Kosten finanzierte die EU über Mittel aus dem EFRE-Fond. Der Radwanderweg wurde im Mai 2015 eröffnet.

Holger Pansch: Touren durch die EUREGIO EGRENSIS. www.euregioegrensis.de, Arbeitsgemeinschaft Sachsen/Thüringen e.V., 14.11.2014 (verändert)

M5 *Radwanderweg „Karlsroute"*

www.interreg.de

www.euregio-egrensis.de

---

1 Erläutere den Begriff „Euregio".

2 Nenne Euregios mit deutscher Beteiligung.

3 Begründe, weshalb in Grenzgebieten Euregios eingerichtet wurden.

4 Beschreibe die Lage der Euregio Egrensis. Nenne die beteiligten Staaten und Bundesländer.

5 Erläutere, in welchen Bereichen die grenzüberschreitende Zusammenarbeit erfolgt.

M1 *Das Foto zeigt den Müll, der in einem Jahr auf einem nur ein Kilometer langen Uferabschnitt eingesammelt wurde. Jährlich landen etwa 20 000 Tonnen Müll in der Nordsee.*

Die Nordsee dient dem Menschen
- als Fischgrund für die Fischereiwirtschaft.
- zur Gewinnung von Meersalz durch Verdunstung des Wassers.
- als Verkehrsweg für den weltweiten Schiffsverkehr.
- als Erdöl- und Erdgaslieferant (Bodenschätze, die unter dem Meeresboden lagern).
- als alternative Energiequelle zur Gewinnung von Strom, zum Beispiel in Gezeitenkraftwerken oder durch Windräder.
- als Arzneimittellieferant der Zukunft durch die Nutzung von Millionen von Algen und Meerestieren.
- als Urlaubs- und Erholungsgebiet für Millionen Ferien- und Kurgäste.
- als Offshore-Gebiet zur Installation großer Windenergieparks.

M2 *Die Nutzung der Nordsee*

Beispiel Nordsee

Acht Staaten Europas sind Anrainer des Randmeeres Nordsee. Der Raum ist hoch industrialisiert und wird intensiv landwirtschaftlich genutzt. In ihm leben rund 185 Millionen Menschen.

Die Nordsee-Anrainerstaaten unternehmen große Anstrengungen, um dieses Meer Europas zu schützen.

Die aus zwei älteren Meeresschutzabkommen hervorgegangene Oslo-Paris-Konvention (OSPAR 1992) hat die Erhaltung der Meeresökosysteme des Nordost-Atlantiks und dessen Randmeeren, wie zum Beispiel der Nordsee, zum Ziel. Hierzu gehört auch der Schutz vor nachteiligen Auswirkungen menschlicher Tätigkeiten.

Die Umsetzung der Konvention ist in sechs Arbeitsfelder aufgeteilt:
- Schutz und Erhaltung der biologische Meeresvielfalt
- Schutz der Ökosysteme des Meeresgebietes
- Eutrophierung (Überdüngung)
- Schadstoffe
- Offshore Öl- und Gasindustrie
- Radioaktive Substanzen, deren Überwachung und Bewertung

M3 *Logo der Oslo-Paris-Konvention*

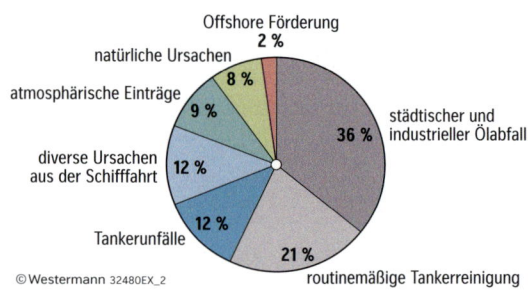

© Westermann 32480EX_2

M4 *Quellen der Meeresverschmutzung*

1. Bestimme die Flüsse im Einzugsgebiet der Nordsee (Atlas).

2. Erläutere Ursachen und Folgen der Nordsee-Verschmutzung.

3. Analysiere die Ziele des OSPAR-Abkommens.

4. Diskutiert die Bedeutung internationaler Vereinbarungen zum Umweltschutz.

Beispiel Europäisches Verkehrsnetz – eine Herausforderung

Wachsendes Verkehrsaufkommen veranlasste die Europäische Union (EU) in den 1990er-Jahren, transeuropäische Verkehrsnetze (TEN-V) zu entwickeln. Sie umfassen die gesamte Verkehrsinfrastruktur wie Straßen, Eisenbahnstrecken, Binnenwasserstraßen, Häfen, Flughäfen, Güterterminals, Verkehrsmanagement und Navigation.

Ende 2013 beschloss die EU, die TEN-V-Achsen zu länderübergreifenden Verkehrsverbindungen umzugestalten. Es gibt neun Kernkorridore (Gesamtlänge ca. 15 000 km). Das Netz umfasst wichtige Wirtschaftszentren und Ballungsräume, über 100 See- und Binnenhäfen sowie wichtige Grenzübergänge zu Drittländern. Es soll bis 2030 vollendet sein. Die EU-Kommission schätzt, dass der Ausbau des Netzes rund 500 Milliarden Euro kostet. Die EU fördert Maßnahmen im Rahmen des Ausbaus. Im Zeitraum von 2014 – 2020 stehen dafür rund 26 Milliarden Euro zur Verfügung.

Ein Jahrhundertprojekt innerhalb des TEN-Programmes ist der sich im Bau befindliche Brenner Basistunnel. Er ist Teil der Eisenbahnhochgeschwindigkeitsachse Berlin-Palermo und wird nach seiner Fertigstellung eine der längsten unterirdischen Eisenbahnverbindungen der Welt sein. Künftig sollen ihn rund 400 Züge am Tag passieren, das sind 50 Prozent mehr als heute. Intercityzüge können dann in gerader Linie mit 250 km pro Stunde unter den Bergen durchrasen.

M5 *Kernkorridore im TEN-V*

- TEN-V-Korridor: Skandinavien-Mittelmeer
- Länge Brenner Basistunnel: 64 km
- Geschwindigkeit Güterverkehr: max. 120 – 160 km/h
- Geschwindigkeit Personenverkehr: max. 250 km/h
- prognostizierte Gesamtkosten: 8800 Mio. €
- Förderung der EU: 40 % der Gesamtkosten
- Bauende: 2025

M6 *Daten zum Brenner Basistunnel*

M7 *Bauarbeiten im Brenner Basistunnel*

www.bbt-se.com/tunnel/projektueberblick/

---

5 Vergleiche die Karte der Kernkorridore (M5) mit Karten zu Bevölkerung, Wirtschaft und Verkehr in Europa (Atlas).

6 Erörtere die Notwendigkeit des Baus des Brenner Basistunnels.

7 Informiere dich über Hochgeschwindigkeitsstrecken in Deutschland (Internet).

Anregungen für Arbeiten

- Texte/Literatur: Gedicht, Story-Board, Zeitung, Buch
- Bilder: Grafik, Malerei/Zeichnung, Fotografie, Collage, Comic
- Skulptur, Plastik, Installation
- Digitale Techniken: Website, Blog, Video-Blog, Animation
- Musik: Song, Musical, Rap, Eigenkomposition
- Radio: Europa-Nachrichten
- Video
- Textiles Gestalten: Flaggen, Europa-Wandteppich

M2 *Ideensammlung für ein Europa-Projekt*

So geht ihr vor

1. Schritt:
Sammelt Ideen zu Europa sowie zur EU und fasst sie zu Themenfeldern zusammen. Verteilt diese Themenfelder auf Arbeitsgruppen von vier bis sechs Schülerinnen und Schülern.

2. Schritt:
Die Arbeitsgruppen suchen anschließend geeignete Materialien zu den Themenfeldern aus, recherchieren, sichten und diskutieren.

3. Schritt:
Die Arbeitsgruppen entscheiden sich für eine Präsentationsform zu ihrem Themenfeld und setzen diese um.

4. Schritt:
Präsentiert eure Arbeitsergebnisse in einer Schulveranstaltung.

M1 *Robert Schuman, französischer Politiker (1886 – 1963)*

www.europa.sachsen-anhalt.de
(→ europatag)

Europa: Tag, Woche, Projekt

Am 9. Mai feiert die Europäische Union jährlich den Europatag. Hintergrund ist Robert Schumans Vision eines „Vereinten Europas", die er am 9. Mai 1950 vorgestellt hat. Diese „Schuman-Erklärung" gilt als einer von mehreren Grundsteinen zur Bildung der heutigen EU.

1985 wurde der 9. Mai zum offiziellen Tag der Europäischen Union bestimmt. Die Bundeskanzlerin und die Ministerpräsidentinnen und Ministerpräsidenten der deutschen Länder beschlossen 2010, einen EU-Schulprojekttag an deutschen Schulen ins Leben zu rufen.

Ziel dieses Projekttages ist es, mit Veranstaltungen und Aktionen das Interesse und die Begeisterung für Europa zu stärken.

Diskutieren über Europa

Im Zentrum der EU-Projekttage stehen Diskussionen mit Politikerinnen und Politikern der Landes-, Bundes- und europäischen Ebene sowie mit deutschen Mitarbeiterinnen und Mitarbeitern der EU-Institutionen. Diese vereinbaren mit den teilnehmenden Schulen eigenständig die Einzelheiten der entsprechenden Besuche. Interessierte Schulen können auch selbst Einladungen aussprechen.

Danach beginnen die Vorbereitungen auf die Diskussion. Die Schülerinnen und Schüler setzen sich dabei intensiv mit dem Thema Europa auseinander: So entwickeln sie Ideen für ein zukunftsfähiges Europa, gestalten Präsentationen und stellen konkrete Fragen für eine Podiumsdiskussion zusammen.

1 Gestaltet selbst ein Logo für die Europawoche oder den Europatag.

2 Erstellt einen Steckbrief über Robert Schuman (Internet).

3 „Aktiv, kreativ – Europa mit Wirkung!" Dieses Thema könnt ihr in einem EU-Schulprojekt umsetzen. Wählt aus M2 geeignete Gestaltungsmöglichkeiten aus und entwickelt eigene Ideen.

1. Werte die Karikatur aus.

- Gib Titel, Jahr, Autor/Signum an.
- Beschreibe den dargestellten Sachverhalt.
- Nimm Stellung zur Aussage.

2. Löse das Kolosseum-Rätsel.

1. Stadt, in der der Europarat tagt
2. Gegenteil von Peripherie
3. Symbole in der Europaflagge
4. Region mit grenzüberschreitender Zusammenarbeit

Lösung: _____

Kompetenz-Check

Hier sind die Kompetenzen aufgeführt, die du in diesem Kapitel erwerben konntest.
Schätze deinen erreichten Stand der Kompetenzentwicklung selbst ein:

 sehr gut    gut   befriedigend   mangelhaft

Ich kann ...	☺	☺	☺	☹	Noch unsicher? Schlage nach auf S. ...
... Abgrenzungen und Gliederungen Europas unter verschiedenen Aspekten beschreiben.					108/109
... den Kontinent in seiner Vielfalt und Einheit charakterisieren und sich darüber austauschen.					110/111
... Raumwahrnehmungen von Europa multiperspektivisch beurteilen.					111
... die Methode des Gruppenpuzzels auf die Analyse des Naturraumes anwenden.					112/113
... Europas Naturraumpotenzial erörtern und es mit dem anderer Kontinente vergleichen.					112/113
... Europa in verschiedene Ordnungssysteme einordnen.					110, 112, 116
... Zentren und Peripherien des Wirtschaftsraumes Europa unter Einbeziehung von Raumentwicklungsmodellen analysieren.					116/117
... die Europäische Union als Wirtschaftsbündnis charakterisieren.					114/115 118/119
... Chancen und Probleme der Entwicklung von Regionen zum Abbau räumlicher Disparitäten erörtern.					120/121
... Beispiele der Zusammenarbeit diskutieren.					122 – 125
... die Methode der Projektarbeit auf einem EU-Schulprojekttag anwenden.					126

5 Wirtschaftsraum Deutschland

In diesem Kapitel erwirbst du folgende Kompetenzen und wendest diese an:

- Deutschland räumlich einordnen,

- die wirtschaftsräumliche Gliederung erläutern und den Bedeutungswandel der Wirtschaftssektoren analysieren,

- Deutschland als einen führenden Wirtschaftsraum charakterisieren,

- den Strukturwandel von Verdichtungsräumen unter Beachtung von Standortfaktoren analysieren,

- eine Standortanalyse vor Ort mittels Exkursion durchführen.

M1 *Das Ruhrgebiet bei Duisburg*

Deutschland
Fläche: 357 409 km²
Einwohner: 82,67 Mio.
Bev.dichte: 231 Ew./km²
Stadtbevölkerung: 76 %
Hauptstadt: Berlin
                    (3,52 Mio. Ew.)
Amtssprache: deutsch
Länderkennzeichen: D

M1 *Steckbrief (2016)*

M3 *Hauptstadt Berlin*

www.make-it-in-germany.com
(→ Deutschland
kennenlernen →
Deutschland im
Portrait)

www.wetterdienst.
de
(→ Klima → Wetter-
rekorde)

Leitfaden zur geographischen Lage

1. Globale Lage des Landes
• Beschreibe, auf welchem Kontinent
  und in welcher Großregion es liegt.
2. Ausdehnung des Landes
• Ermittle die Begrenzungspunkte.
• Berechne mithilfe des Maßstabes
  seine Nord-Süd- sowie West-Ost-
  Ausdehnung.
3. Lage im Gradnetz
• Bestimme unter Nutzung der Begrenzungspunkte die Lage des Landes im

Gradnetz. Gib dazu die Breiten- und
Längenhalbkreise (Meridiane) an.
4. Politische Grenzen
• Gib die Nachbarstaaten an, gehe im
  Uhrzeigersinn vor.
• Leite ab, ob es sich um einen Binnen-
  oder Küstenstaat handelt.
5. Natürliche Grenzen
• Ermittle angrenzende Flüsse, Seen,
  Meeresteile, Gebirge.
6. Räumliche Ordnungssysteme
• Ordne das Land physisch- sowie wirt-
  schafts- und sozialgeographisch ein.

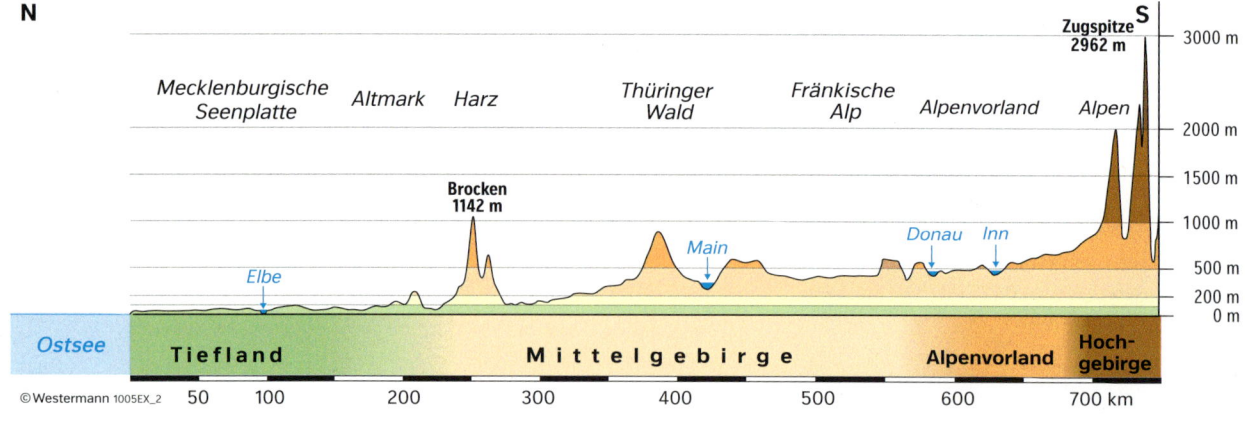

M2 *Nord-Süd-Profil Deutschlands*

1 Fertige eine Mental Map zu
Deutschland an. Diskutiert darüber.

2 Ordne Deutschland geographisch
ein. Nutze dazu den Atlas.

100800-28
schueler.diercke.de

M4 *Politische Gliederung Deutschlands*

M5 *Zugspitze mit dem Alpenvorland*

Eine Reise ohne Navi

Du möchtest mit Freunden in den Sommerferien verschiedene Reisen durch Deutschland unternehmen, doch leider funktioniert das Navigationsgerät nicht und auch der Akku des Smartphones ist leer.

Kommst du auch ohne technische Hilfsmittel ans Ziel? Wie gut sind deine Kartenvorstellungen von Deutschland? Muss die Kompetenz zur Arbeit mit dem Atlas aufgefrischt werden?

Reise 1: Konzerttour

Deine Lieblingsband plant eine Deutschlandtour und versucht, die Fahrtzeiten zu den einzelnen Auftritten so kurz wie möglich zu gestalten. Die Tour beginnt in Magdeburg. Ordne die Städte in einer logischen Reihenfolge.

- Berlin
- Dessau-Roßlau
- Dortmund
- Dresden
- Erfurt
- Frankfurt/Main
- Hamburg
- Hannover
- Köln
- Leipzig
- Mannheim
- München
- Rostock
- Stuttgart
- Halle

Reise 2: Von Nord nach Süd

Deine Freunde planen verschiedene Städtetouren und wollen mit dem Auto jeweils mehrere Städte von Norden nach Süden besuchen. Ordne nur mithilfe des Atlas die Städte von Norden nach Süden. Berechne anschließend mithilfe des Maßstabes, welche Reise am weitesten ist.

Tour A:
- Bonn
- Flensburg
- Karlsruhe
- Magdeburg
- Rostock
- Schwerin

Tour B:
- Bremen
- Freiburg
- Hamburg
- Naumburg
- Wolfsburg
- Würzburg

ⓘ Rekorde Deutschlands
höchster Berg:
Zugspitze (2 962 m)
größte Insel:
Rügen (925 km²)
größte Seen:
Bodensee (530 km², davon 304 km² in D)
Müritz (115 km²)
größter künstlich angelegter See:
Geiseltalsee (18,4 km²)
längster Fluss:
Rhein (1 230 km, davon 865 km in D)
längster Kanal:
Mittellandkanal (325 km)
größtes Bundesland:
Bayern (70 500 km²)

www.galileo.tv
(→ Weltrekorde Deutschland)

❸ Erarbeite für Sachsen-Anhalt einen Steckbrief und eine Übersicht über Rekorde.

❹ Plant in Partnerarbeit eine Deutschland-Tour von West nach Ost.

M1 *Verdichtungsraum*

M2 *Agrarraum*

M3 *Erholungsraum*

www.bbsr.bund.de
(→ Raumordnungs-
bericht)

www.prognos.com
(→ Zukunftsatlas)

Räumliche Disparitäten

Deutschland ist ein hochentwickeltes Industrieland mit einer leistungsfähigen Landwirtschaft. Für die wirtschaftsräumliche Gliederung eines Landes wird als Abgrenzungskriterium die Produktionsstruktur herangezogen. Darunter versteht man die Gliederung der Produktion in Bereiche und Branchen, zum Beispiel in Bergbau, verarbeitendes Gewerbe, Baugewerbe, Land- und Forstwirtschaft. Zum Ausdruck kommt darin, welche Wirtschaftsbereiche und -zweige vertreten sind und welche Anteile sie an der Gesamtproduktion haben. Auf diese Weise können unterschiedliche Wirtschaftsräume ausgegliedert werden: Industrieräume, die meist Verdichtungs- oder Ballungsräume sind, daneben Agrarräume, die auch als ländliche Räume bezeichnet werden, und Erholungsräume.

Die **Raumordnung** Deutschlands zeigt räumliche Disparitäten auf. Diese sind sowohl innerhalb Deutschlands, insbesondere zwischen Ost- und Westdeutschland, als auch innerhalb einzelner Bundesländer zu verzeichnen.

Auch das Bundesland Sachsen-Anhalt weist räumliche Disparitäten auf. Die Städte Magdeburg und Halle sind mit ihrem jeweiligen Umland Verdichtungsräume. Halle ist zudem gemeinsam mit fünf Landkreisen, sieben kreisfreien Städten und über 50 Unternehmen sowie vier Hochschulen in die Europäische **Metropolregion** Mitteldeutschland eingebunden, vgl. S. 149. Das übrige Sachsen-Anhalt wird dem ländlichen Raum zugeordnet. Daneben können zahlreiche attraktive Erholungsräume ausgegliedert werden.

M4 *Wirtschaftsräumliche Gliederung Deutschlands*

100800-30
schueler.diercke.de

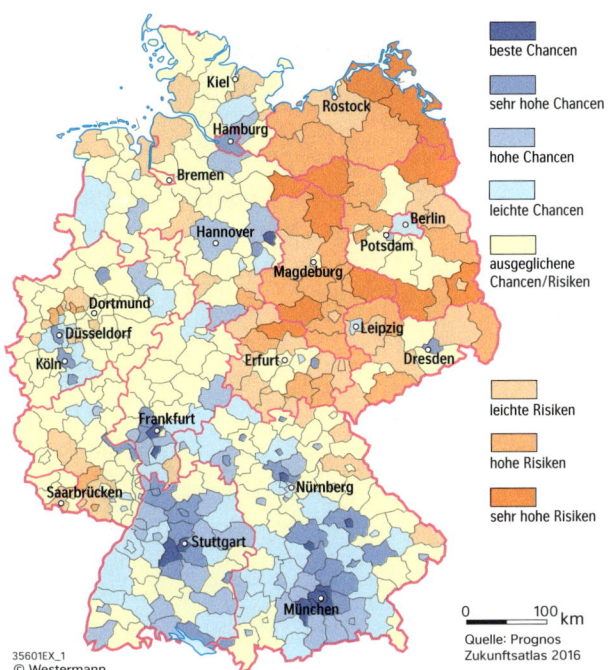

M5 *Regionen und ihre Zukunftschancen 2016*

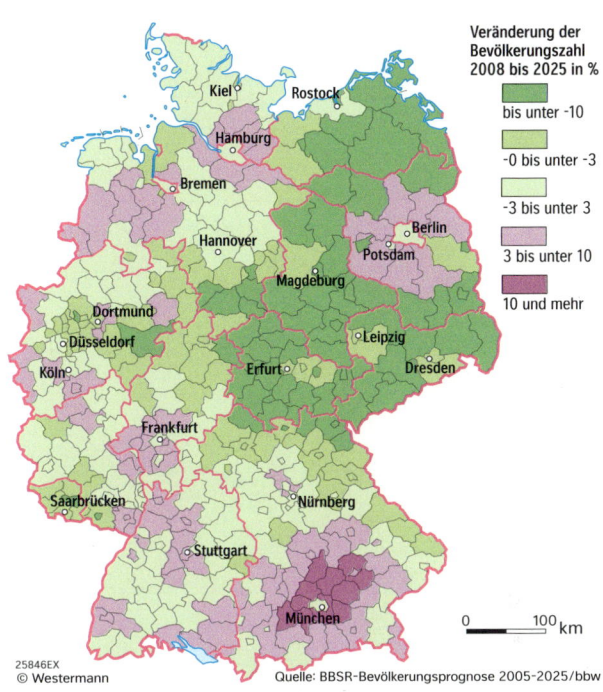

M7 *Bevölkerungsentwicklung nach Regionen*

[...] Früher gab es eine klare Unterscheidung zwischen Stadt und Land. Inzwischen hat die Politik für das, was nicht große Stadt oder Ballungsraum ist, einen neuen Begriff erfunden: den ländlichen Raum. [...] Nach einer Studie der Bertelsmann-Stiftung leben mehr als sechs Millionen Deutsche in strukturschwachen ländlichen Räumen; in dünn besiedelten Landstrichen, wo Kommunen oft hoch verschuldet sind und die Bevölkerungszahlen schrumpfen. [...] In ländlichen Regionen hat bislang nur jeder dritte Haushalt Zugang zum schnellen Internet. Wo auf dem Land keine Kinder geboren werden, schließen erst die Kitas, dann die Schulen. Die jungen Erwachsenen ziehen zur Ausbildung fort, nur die Alten bleiben zurück. Und dann ist der Niedergang programmiert: Bank, Post, Supermarkt und Gasthof schließen, auch der Arzt macht seine Praxis zu, und der Bus fährt am Dorf nur noch vorbei.

Wer immer über den ländlichen Raum und seine Defizite spricht, fordert den flächendeckenden Ausbau des schnellen Internets. Ohne eine solche digitale Grundausstattung wird kein Unternehmen oder Startup auch nur einen Gedanken darauf verwenden, sich in einer bislang als strukturschwach eingestuften Region anzusiedeln.

WELTplus, 30.10.2017: https://www.welt.de/politik/deutschland/article170142064/Gutes-Leben-auf-dem-Land-Was-heisst-das-ueberhaupt.html. Copyright: Axel Springer SE / DIE WELT (verändert)

M6 *Strukturschwache Regionen*

❶ Beschreibe die wirtschaftsräumliche Gliederung Deutschlands. Ordne darin Sachsen-Anhalt ein. Begründe räumliche Disparitäten.

❷ Werte die thematischen Karten M5 und M7 aus und vergleiche.

❸ Diskutiert Für und Wider des Lebens im ländlichen Raum.

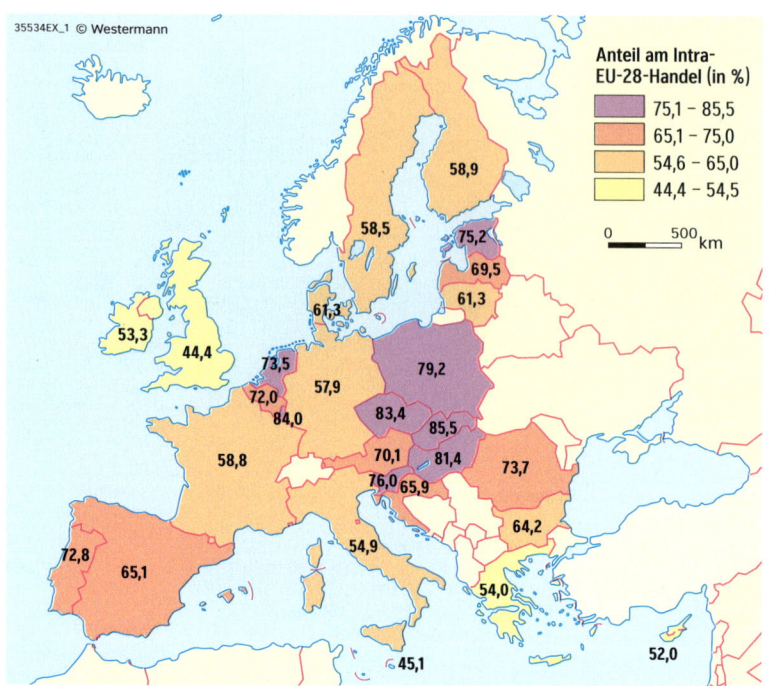

35534EX_1 © Westermann

Anteil am Intra-EU-28-Handel (in %)
- 75,1 – 85,5
- 65,1 – 75,0
- 54,6 – 65,0
- 44,4 – 54,5

0 — 500 km

58,9
58,5
75,2
69,5
61,3
61,3
53,3
44,4
73,5
79,2
72,0
57,9
84,0
83,4
85,5
58,8
70,1
81,4
76,0 65,9
73,7
64,2
72,8
65,1
54,9
54,0
45,1
52,0

M1 *EU-28: Exporte der Länder im EU-Raum 2015*

M4 *Messen sind die Schaufenster der deutschen Wirtschaft*

Deutschlands Wirtschaft

Deutschland ist innerhalb der EU das bevölkerungsreichste und wirtschaftlich leistungsstärkste Land. Das BIP zum Beispiel, an dem die Wirtschaftskraft eines Landes gemessen wird, ist mit rund 3132 Mrd. Euro (2016) höher als das aller anderen europäischen Staaten. Den Kern der deutschen Wirtschaft bilden neben einer Reihe von global agierenden Konzernen (Global Player), die kleinen und mittelständischen Unternehmen, in denen etwa 60 Prozent aller Beschäftigten arbeiten.

Für Deutschland ist die zunehmende wirtschaftliche Zusammenarbeit der EU-Staaten von besonderer Bedeutung. Das betrifft nicht nur die Freiheiten im Binnenmarkt, die von den Bürgern am stärksten wahrgenommen werden. Deutschlands Wirtschaft ist in großen Teilen vom Handel mit anderen Staaten abhängig. Wir verfügen weder über genügend Rohstoffe, noch haben wir für die hergestellten Produkte genügend Abnehmer. Deutschland gehört zu den führenden Welthandelsländern, wobei der größte Teil der Exporte in die Länder der EU geht. Heute hängt fast jeder vierte Arbeitsplatz in der deutschen Wirtschaft direkt oder indirekt vom Export ab.

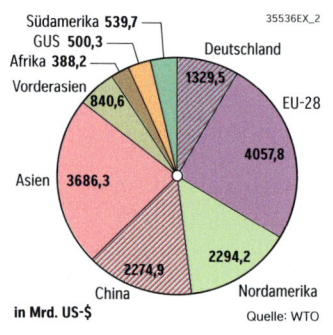

35536EX_2

Südamerika **539,7**
GUS **500,3**
Afrika **388,2**
Vorderasien
840,6
Asien **3686,3**
China **2274,9**
Deutschland **1329,5**
EU-28 **4057,8**
Nordamerika **2294,2**

in Mrd. US-$ Quelle: WTO

M2 *Anteil ausgewählter Länder und Regionen an Weltexporten*

Mit dem Begriff „Standort Deutschland" wird die Attraktivität der deutschen Volkswirtschaft als Wirtschaftsstandort im internationalen Vergleich umrissen. Zur Beurteilung der Wettbewerbsfähigkeit unterschiedlicher Staaten als Standort für Unternehmen werden verschiedene Standortfaktoren herangezogen. Dazu gehören die Infrastruktur, der technologische Stand in der Wirtschaft, das Steuersystem, die Kreditwürdigkeit des Staates sowie der Umfang staatlicher Eingriffe und Regulierungen, staatliche Förderungen für Forschung und Entwicklung oder Existenzgründungen, aber auch Merkmale wie das Qualifikationsniveau der Erwerbspersonen.

M3 *Standort Deutschland* ➤

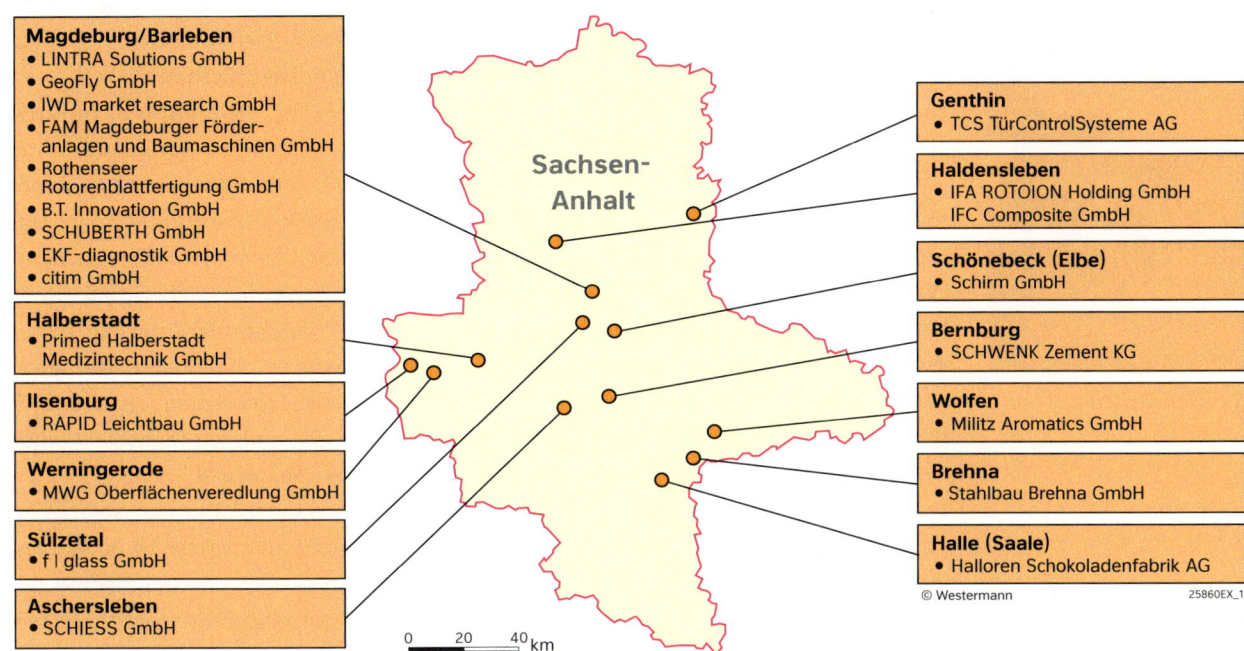

Magdeburg/Barleben
- LINTRA Solutions GmbH
- GeoFly GmbH
- IWD market research GmbH
- FAM Magdeburger Förder-
  anlagen und Baumaschinen GmbH
- Rothenseer
  Rotorenblattfertigung GmbH
- B.T. Innovation GmbH
- SCHUBERTH GmbH
- EKF-diagnostik GmbH
- citim GmbH

Halberstadt
- Primed Halberstadt
  Medizintechnik GmbH

Ilsenburg
- RAPID Leichtbau GmbH

Werningerode
- MWG Oberflächenveredlung GmbH

Sülzetal
- f l glass GmbH

Aschersleben
- SCHIESS GmbH

Genthin
- TCS TürControlSysteme AG

Haldensleben
- IFA ROTOION Holding GmbH
  IFC Composite GmbH

Schönebeck (Elbe)
- Schirm GmbH

Bernburg
- SCHWENK Zement KG

Wolfen
- Militz Aromatics GmbH

Brehna
- Stahlbau Brehna GmbH

Halle (Saale)
- Halloren Schokoladenfabrik AG

© Westermann   25860EX_1

Sachsen-Anhalt

0   20   40 km

M5 *Hidden Champions in Sachsen-Anhalt*

In der Regel sind diese Unternehmen meist inhabergeführt und nicht börsen-orientiert und sie verzeichnen einen Jahresumsatz im höchstens einstelligen Milliardenbereich. [...]

„Hidden Champions" liegen nicht selten fernab der Metropolen und sind häufig nur den umliegenden Bewohnern oder spezialisierten Abnehmern ein Begriff. Sie stellen unauffällige Nischenprodukte her, über die sich die meisten von uns nur selten Gedanken machen, aber trotzdem nahezu alle benutzen. [...] Die Exportstär-ke des deutschen Mittelstandes ist schon beinahe legendär und beruht zu einem großen Teil auf den Hidden Champions. Ihre ausgefeilten Produkte kann in dieser Qualität kein Wettbewerber anbieten.

Christian Lücke: Hidden Champions – Weltspitze im Mittel-stand, www.kapilendo.de, 03.07.2017 (gekürzt)

www.yourfirm.de/
hidden-champions/

Hidden Champions weltweit:

Deutschland	1307
USA	366
Japan	220
Österreich	128
Schweiz	110
Italien	76
Frankreich	75
China	68
Vereinigtes Königreich	67
Sonstige	293

35539EX
© westermann

◁ **M6** *Hidden Champions –
heimliche Weltmarkt-
führer*

1 Analysiere die wirtschaftliche Stel-lung Deutschlands in der EU und weltweit.

2 Ordne Deutschland in europäische Raummodelle ein (S. 116/117).

3 Informiere dich über einen Hidden Champion in Sachsen-Anhalt näher (Internet).

4 Begründe die Bedeutung der Be-rufsausbildung für den Mittelstand.

M1 *Dienstleistungsberuf*

✎ www.deutschlan-dinzahlen.de/tab/deutschland/volks-wirtschaft

www.youtube.com
(→ Entwicklung der Wirtschaftssektoren nach Fourastié)

Wirtschaftssektoren und ihr Bedeutungswandel

Im Laufe der gesellschaftlichen Entwicklung hat sich das wirtschaftliche Handeln zur Sicherung des Lebensunterhalts der Menschen stark verändert. Zunächst dominierten die Produktion von Agrargütern und das Handwerk. Mit Beginn der Industrialisierung konnten in Fabriken Waren in größerem Umfang maschinell hergestellt werden. Diese langfristigen Veränderungen in der Bedeutung einzelner Wirtschaftsbereiche untersuchte der Wirtschaftswissenschaftler Jean Fourastié in den 1930er-Jahren und stellte seine Erkenntnisse in einem Modell dar. Er unterschied drei **Wirtschaftssektoren**: den primären, sekundären und tertiären Sektor. Nach seiner Sektorentheorie ändern sich in allen Gesellschaften die Beschäftigtenanteile in den einzelnen Sektoren an den Gesamtbeschäftigten im Laufe der wirtschaftlichen Entwicklung. Es kommt zum Wandel von einer ursprünglichen Agrargesellschaft über eine Industrie- hin zur Dienstleistungsgesellschaft.

In den letzten Jahrzehnten hat der Dienstleistungsbereich besonders in der Informations- und Kommunikationsbranche stark an Bedeutung gewonnen. Das Spektrum an Dienstleistungen ist deutlich größer geworden. Daher grenzt man solche Dienstleistungen, die ein hohes Ausbildungsniveau benötigen und häufig unternehmensbezogen sind, als quartären Sektor von den anderen Dienstleistungen des tertiären Sektors ab.

Ein Strukturwandel kann sich sowohl innerhalb der Gesamtwirtschaft eines Landes, ausgedrückt durch Veränderung des Anteils der einzelnen Wirtschaftssektoren, als auch innerhalb der Wirtschaftssektoren vollziehen. Im sekundären Sektor verändern sich z. B. die Produktionspalette und die Organisationsstruktur von Unternehmen (vgl. S. 137).

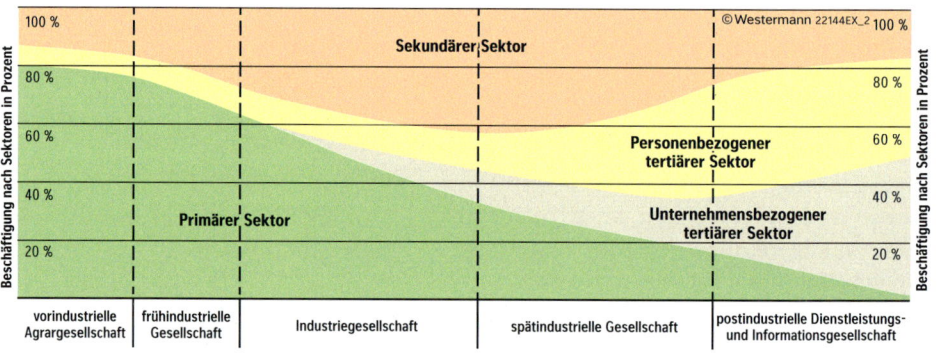

M3 *Drei-Sektoren-Modell der Wirtschaft (nach Fourastié)*

		1960	1970	1980	1990	2000	2010	2015
Erwerbstätige (in %)	Primärer Sektor	13,6	8,4	5,1	3,5	1,9	1,6	1,5
	Sekundärer Sektor	47,6	46,5	41,1	36,6	28,5	24,5	24,4
	Tertiärer Sektor	38,8	45,1	53,8	59,9	69,9	73,9	74,1
Bruttowert-schöpfung (in %)	Primärer Sektor	5,8	3,3	2,2	1,3	1,1	0,7	0,6
	Sekundärer Sektor	53,2	48,3	41,3	37,6	30,9	30,2	30,5
	Tertiärer Sektor	41,0	48,3	56,6	61,0	68,0	69,1	68,9

Quelle: Statistisches Bundesamt

M2 *Anteile der Wirtschaftssektoren an Erwerbstätigen und an der Bruttowertschöpfung in Deutschland 1960 – 2015*

Gera/Plauen/dapd. [...] Der Verband der Nordost-deutschen Textil- und Bekleidungsindustrie sieht den Strukturwandel als einen Erfolg. [...] Bereits mit der Wende habe man sich von klassischen Produkten und Strukturen verabschiedet. [...] Der traditionellen Gardinenproduktion kehrte die Branche den Rücken und wandte sich dem Feld der Industrietextilien zu.

Ein Paradebeispiel für eine gelungene Restrukturierung ist die Firma Thorey. Bis vor wenigen Jahren produzierte das Geraer Unternehmen noch Gardinen für den Haushaltsbedarf. [...] Sein Angebot reicht heute von feuerbeständigen Stoffen, antibakteriellen Beschichtungen bis hin zu Industriestoffen, die flexibel bleiben, obwohl sie höchsten Belastungen standhalten müssen.

dapd: Ostdeutschland. Strukturwandel in der Textilindustrie, Mitteldeutsche Zeitung, 16.11.2012 (verändert)

Spulmaschinen für Garn 1905 (Berlin) und heute (Gera)

M4 *Strukturwandel in der Textilindustrie*

Wirt-schafts-sektoren	Wirtschaftsbereiche
Primärer Sektor (Urproduktion)	• Landwirtschaft • Forstwirtschaft • Fischerei • Bergbau (ohne Aufbereitung)
Sekundärer Sektor (Güterproduktion)	• Bergbau (Aufbereitung von Bergbauprodukten) • Energie- und Wasserwirtschaft • verarbeitendes Gewerbe / Industrie • Baugewerbe
Tertiärer Sektor (Dienstleistungen)	• Handel und Verkehr • Kredit- und Versicherungsunternehmen • Wohnungsvermietungen • sonstige Dienstleistungsunternehmen • Staat (Gebietskörperschaften, Sozialversicherung) und Organisationen ohne Erwerbscharakter
Quartärer Sektor	• hochwertige Dienstleistungen wie Forschung und Entwicklung, Finanzierungen, Beratung

M5 *Gliederung der Wirtschaftssektoren*

M6 *Karikatur*

1. Erläutere das Drei-Sektoren-Modell der Wirtschaft nach Fourastié.

2. Begründe, weshalb heute häufig ein quartärer Sektor ausgegliedert wird.

3. Analysiere den Strukturwandel in der ostdeutschen Textilindustrie.

4. Interpretiere die Karikatur. Setze sie mit dem Wandel in Beziehung.

M3 *Ackerbau*

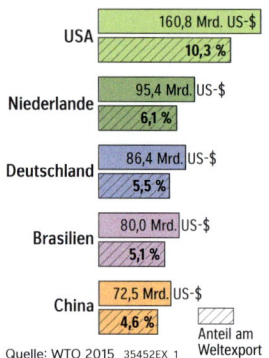

M5 *Viehhaltung*

ⓘ Landwirtschaft

Der Begriff der Landwirtschaft (auch Agrarwirtschaft, von lat.: ager = Acker, Feld) umfasst die planmäßige Bewirtschaftung des Bodens sowie die Viehzucht mit dem Ziel der Erzeugung von Nahrungsmitteln pflanzlicher und tierischer Herkunft, von Futtermitteln und gewerblichen Rohstoffen.

USA · 160,8 Mrd. US-$ · 10,3 %
Niederlande · 95,4 Mrd. US-$ · 6,1 %
Deutschland · 86,4 Mrd. US-$ · 5,5 %
Brasilien · 80,0 Mrd. US-$ · 5,1 %
China · 72,5 Mrd. US-$ · 4,6 %
Anteil am Weltexport

Quelle: WTO 2015 35452EX_1

M1 *Die fünf größten Exporteure landwirtschaftlicher Produkte*

Landwirtschaft in Deutschland

Die deutsche Landwirtschaft ist hochproduktiv und gehört weltweit zu den fünf größten Exporteuren landwirtschaftlicher Produkte. Jährlich werden in der Landwirtschaft Güter im Wert von rund 40 Milliarden Euro erzeugt. Aufgrund der differenzierten naturräumlichen Gegebenheiten ist die Produktion sehr vielfältig. Zu unterscheiden sind dabei landwirtschaftliche Gunst- und Ungunsträume, in denen verschiedene Produktionsrichtungen dominieren. So wird in den Gunsträumen vorwiegend Ackerbau betrieben, während in den Ungunsträumen Grünlandwirtschaft und Viehhaltung vorherrschen.

Obwohl die Bruttowertschöpfung dieses Wirtschaftsbereiches nicht einmal ein Prozent beträgt, kommt der Landwirtschaft dennoch eine große Bedeutung zu. Sie ist heute multifunktional und als Nahrungs- und Rohstoffproduzent ein wichtiger Wirtschaftspartner für viele Unternehmen. Darüber hinaus erfüllt die Landwirtschaft weitere bedeutende Funktionen (M4).

Produzent (Verkäufer)
- von Nahrungsmitteln:
  – Produktionswert pflanzlicher Erzeugung 21,8 Mrd. $
  – Produktionswert tierischer Erzeugung 21,1 Mrd. $
- Lieferant für die Nahrungsmittelindustrie (Umsatz 138 Mrd. $)

Abnehmer (Käufer)
- von Futtermitteln (9,9 Mrd. $)
- von Produktionsmitteln wie Maschinen, Treibstoffen, Dünger (22,1 Mrd. $)

Arbeitgeber
- 2,3 % aller Erwerbstätigen (direkt beschäftigt)
- 302 000 ausländische Saisonarbeitskräfte
- Jeder 9. Arbeitsplatz hängt direkt oder indirekt mit der Landwirtschaft zusammen.

Landschaftspfleger
- von 80 % der Fläche Deutschlands
- freiwillige Natur- und Umweltschutzverpflichtung auf 30 % der Nutzfläche
- Erholungsraum (31 Mio. Übernachtungen)

Landwirtschaft in Deutschland

Produzent nachhaltiger Rohstoffe
- Ökostrom (Wind, Sonne, Biomasse)
- Bioenergie als Wirtschaftszweig bietet 90 000 Arbeitsplätze
- Biodiesel
- 12 % des Gesamtenergiebedarfs

Produzent industrieller Rohstoffe
- Holz (Papier)
- Felle und Leder
- Wolle
- Stärke (biologisch abbaubarer Werkstoff für z. B. Verpackungen)

10283EX_9

M4 *Aufgaben und wirtschaftliche Bedeutung der deutschen Landwirtschaft*

Standortfaktoren der Landwirtschaft

Natürliche Standortfaktoren:
- Klima
- Boden
- Höhenlage
- Relief

Gesellschaftliche / historische Standortfaktoren:
- Förderpolitik
- Besitzverhältnisse / Erbrecht
- Größe der Ackerflächen

Ökonomische Standortfaktoren:
- verfügbares Kapital
- qualifizierte Arbeitskräfte
- Marktbedingungen
- Verkehrsinfrastruktur

M2 *Standortfaktoren in der Landwirtschaft (Auswahl)*

100800-56
schueler.diercke.de

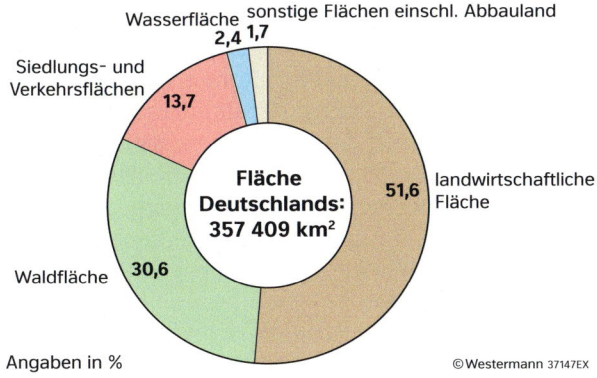

M6 *Flächennutzung in Deutschland (2016)*

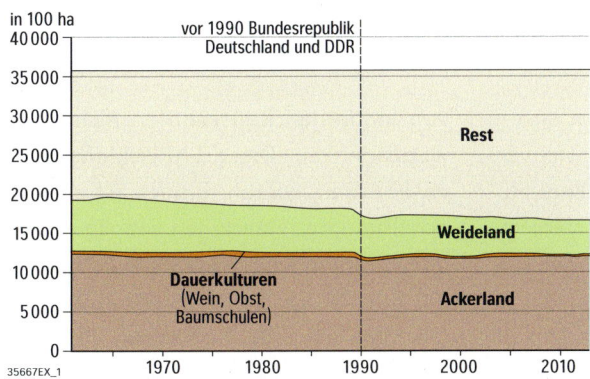

M7 *Agrarische Landnutzung in Deutschland 1960 – 2014*

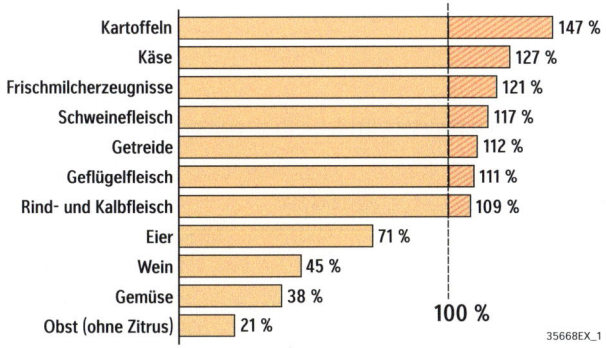

M8 *Durchschnittlicher Selbstversorgungsgrad Deutschlands bei ausgewählten Produkten 2012 – 2014*

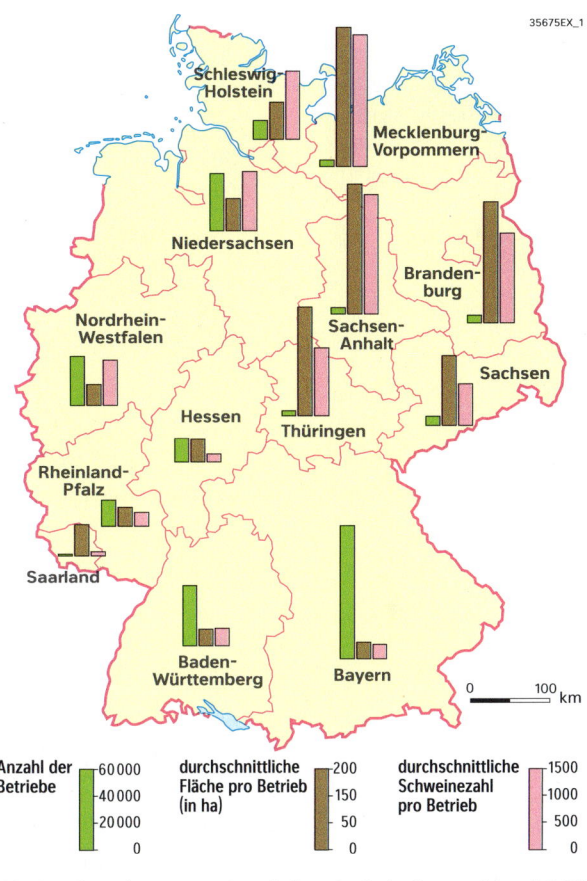

M9 *Strukturdaten zur Landwirtschaft in Deutschland 2015*

M10 *Apfelernte am Süßen See*

① Erläutere Funktionen und Stellenwert der Landwirtschaft.

② Analysiere die naturräumlichen Voraussetzungen Deutschlands für eine landwirtschaftliche Nutzung.

③ Vergleiche Strukturdaten zur Landwirtschaft in Deutschland. Begründe Unterschiede.

④ Analysiere einen Landwirtschaftsbetrieb im Nahraum. Nutze dazu M2.

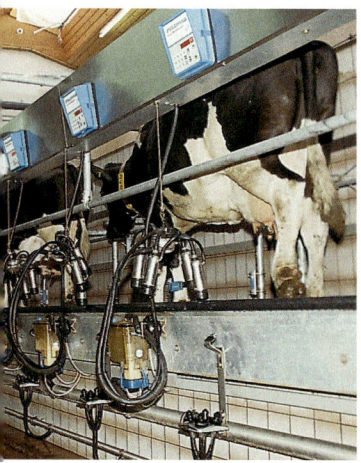

M1 *Computertechnik an jedem Melkplatz*

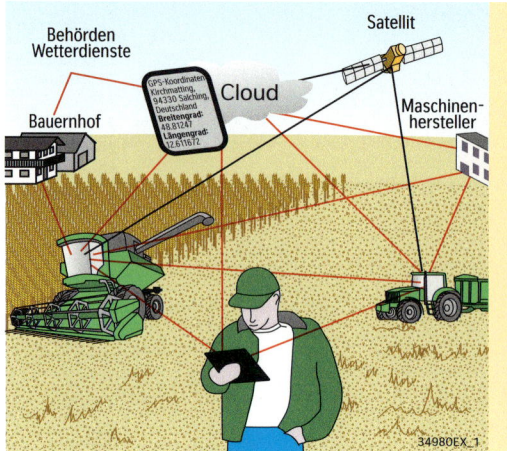

Smart Farming: GPS-Steuerung von Landmaschinen auf 2–3 cm Genauigkeit, automatische Entlademeldung der Mähdrescher per Funk, Herdenmanagement über Tablet- und Smartphone-App, sensorische Einzelpflanzenversorgung mit Nährstoffen, Futterroboter mit Einzeltiererkennung, Feldüberwachung mit Drohnen etc. Die Zukunft einer effizienten und nachhaltigen Landwirtschaft liegt auch in der Digitalisierung ihrer Produktions- und Wirtschaftsabläufe.

M2 *Digitale Landwirtschaft*

Landwirte stellen sich um

In den vergangenen 60 Jahren hat sich in der Landwirtschaft Deutschlands viel verändert. Heute werden immer größere Flächen bewirtschaftet. Neben einem stärkeren Maschinenbesatz führen die Verwendung von Mineraldünger und Pflanzenschutzmitteln sowie die Züchtung neuer Pflanzen zur Ertragssteigerung im Ackerbau.
Futtermischungen in der Tierhaltung werden genau berechnet und den Tieren automatisch zugeteilt. Computer sind heute von modernen Bauernhöfen nicht mehr wegzudenken. Diese Entwicklung spart zwar Arbeitskosten, jedoch ist die Anschaffung der Maschinen sehr teuer. Der damit verbundene Kostenaufwand zwingt die Bauern zur Spezialisierung auf den Ackerbau oder die Tierhaltung. Viele von ihnen haben die Landwirtschaft aufgegeben und ihre Ländereien verpachtet oder verkauft bzw. betreiben Landwirtschaft im Nebenerwerb.

http://media.repro-mayr.de/49/664449.pdf

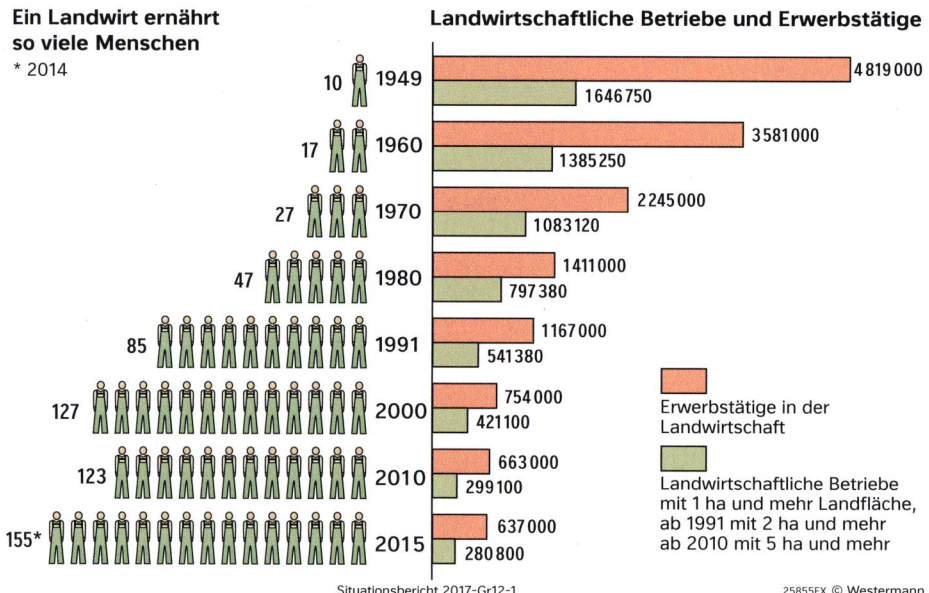

Ein Landwirt ernährt so viele Menschen
* 2014

10	1949
17	1960
27	1970
47	1980
85	1991
127	2000
123	2010
155*	2015

Landwirtschaftliche Betriebe und Erwerbstätige

Jahr	Erwerbstätige	Betriebe
1949	4 819 000	1 646 750
1960	3 581 000	1 385 250
1970	2 245 000	1 083 120
1980	1 411 000	797 380
1991	1 167 000	541 380
2000	754 000	421 100
2010	663 000	299 100
2015	637 000	280 800

Erwerbstätige in der Landwirtschaft

Landwirtschaftliche Betriebe mit 1 ha und mehr Landfläche, ab 1991 mit 2 ha und mehr ab 2010 mit 5 ha und mehr

Situationsbericht 2017-Gr12-1

25855EX © Westermann

M3 *Wandel in der Landwirtschaft*

M4 *Rinder auf der Weide eines Ökohofes*

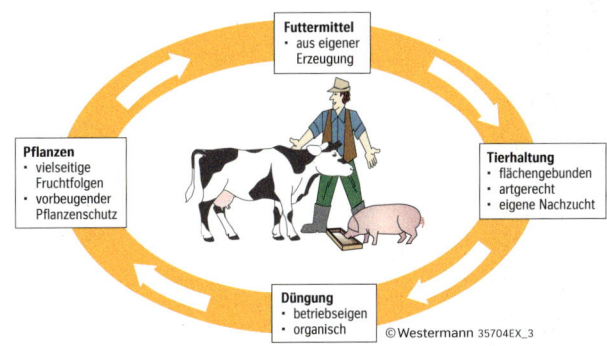

M6 *Funktionsprinzip des ökologischen Landbaus*

Ökologischer Landbau

Negativschlagzeilen in den Medien zum konventionellen Landbau und das gestiegene Bewusstsein der Bevölkerung für Umwelt- und Tierschutz führten in den vergangenen Jahrzehnten zu einer wachsenden Nachfrage nach regional erzeugten Produkten des ökologischen Landbaus.

Dieser stellt eine Form der Landwirtschaft dar, die auf den Erhalt der natürlichen Lebensgrundlagen ausgerichtet ist.

Mit naturnahen Produktionsmethoden und einer artgerechten Tierhaltung leistet er einen Beitrag zur Landschaftspflege, zum Tier- und Umweltschutz. Dabei verzichtet der ökologische Landbau auf den Einsatz von Chemikalien und Gentechnik. Dafür müssen die Verbraucher meist auch höhere Preise bezahlen. Am EU-Bio-Logo, dem deutschen Bio-Siegel und Bio-Siegeln von Bioverbänden, erkennen die Verbraucher ökologisch erzeugte Produkte.

www.bmel.de
(→ Nachhaltige Landnutzung)

www. youtube.com
(→ Was ist ökologischer Landbau?)

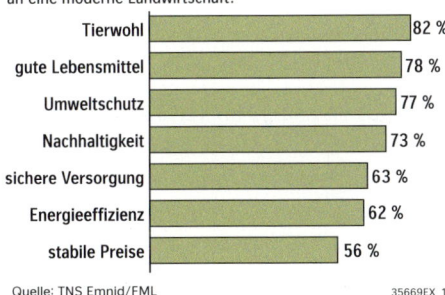

M5 *Anforderungen der Bevölkerung an eine moderne Landwirtschaft – Ergebnis einer Befragung 2016*

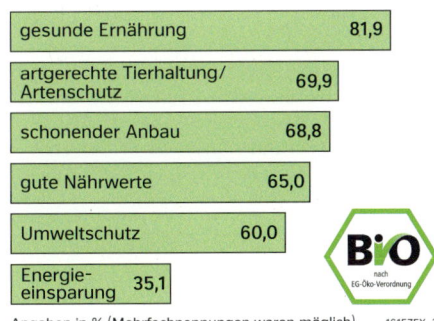

M7 *Was die Bundesbürger mit „Bio" verbinden*

M8 *Bio-Siegel der EU*

---

1 Erläutere den Wandel in der deutschen Landwirtschaft unter Einbeziehung von: Betriebszahl und -größe, Erwerbstätigen, Mechanisierung, Chemisierung. Beziehe dazu auch M3 ein.

2 Führt eine Umfrage zu Anforderungen an eine moderne Landwirtschaft durch.

3 Diskutiert Für und Wider des konventionellen und ökologischen Landbaus.

Das produzierende Gewerbe

Im sekundären Sektor werden Materialien und Güter aus dem primären Sektor verarbeitet bzw. umgewandelt. Deshalb wird er oft auch als industrieller Sektor oder produzierendes Gewerbe bezeichnet. Trotz des wirtschaftlichen Strukturwandels wird der sekundäre Sektor auch weiterhin ein bedeutender Bereich der deutschen Volkswirtschaft sein (Anteil am BIP 2016: 30,4 %). Zu ihm gehören verschiedene Zweige, wobei das verarbeitende Gewerbe dominiert (M2).

Auch in Sachsen-Anhalt ist das verarbeitende Gewerbe mit ca. 50 Unternehmen und rund 40 000 Beschäftigten führend. Dies ist vor allem eine Folge der hier im Zuge der Industrialisierung entstandenen großen industriellen Verdichtungsräume. Der bedeutendste Industriezweig ist die chemische Industrie mit neun gelisteten Unternehmen und ca. 11 000 Mitarbeitern. Charakteristisch für Sachsen-Anhalt sind größere Betriebsstrukturen.

M1 *Zuckerfabrik Könnern*

www.destatis.de
(→ Zahlen&Fakten,
→ Wirtschaftsbereiche)

Industrie-zweige	Unter-nehmen (in 1000)	Beschäf-tigte (in 1000)
Bergbau, Gewinnung von Steinen & Erden	1,9 (0,3 %)	60,8 (0,6 %)
Wasserversorgung; Abwasser- und Abfallentsorgung	5,4 (1,0 %)	227,4 (2,3 %)
Energieversorgung	2,1 (0,4 %)	228,1 (2,3 %)
verarbeitendes Gewerbe	212,6 (37,9 %)	7269,1 (72,7 %)
Baugewerbe	338,5 (60,4 %)	2202,1 (22,4 %)
gesamt	560,5	9987,7

Quelle: Statistisches Bundesamt: Statistisches Jahrbuch 2016

M2 *Produzierendes Gewerbe in Deutschland (2014)*

Industriezweige	Unter-nehmen	Beschäf-tigte
Maschinenbau	16 504	1 100 301
H. v. Metall-erzeugnissen	44 145	883 841
H. v. Kfz und Kfz-Teilen	2 834	837 975
H. v. Nahrungs- und Futtermitteln	27 754	785 988
H. v. elektrischen Ausrüstungen	6 434	506 172
H. v. Gummi- und Kunststoffwaren	7 478	417 852
H. v. chemischen Erzeugnissen	3 183	336 430

H.v. = Herstellung von Quelle: siehe M2

M4 *Industriezweige im verarbeitenden Gewerbe (2014)*

M3 *Die wichtigsten Exportprodukte*

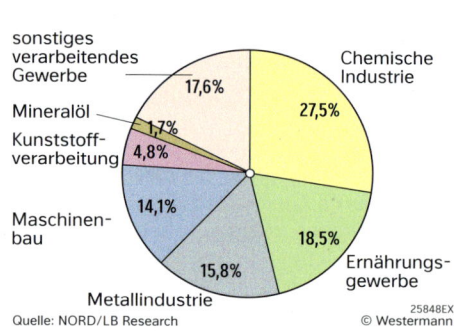

M5 *Beschäftigte im verarbeitenden Gewerbe in Sachsen-Anhalt (2016)*

❶ Erläutere, weshalb der sekundäre Sektor auch als produzierendes Gewerbe bezeichnet wird.

❷ Analysiere die Bedeutung des sekundären Sektors in Deutschland und Sachsen-Anhalt.

Viele Materialien erscheinen auf den ersten Blick sehr genau und zuverlässig. Man verfällt schnell dem Irrtum, dass all die schönen Tabellen und Diagramme, die Aktualität und Verlässlichkeit vorspiegeln, tatsächlich objektiv „wahr" sind. Das ist jedoch leider nicht so.

Viele Statistiken sind fehlerhaft oder nur sehr ungenau und oft wollen die Verfasser mit ihren Tabellen, Diagrammen oder scheinbar informativen Texten auch einfach nur manipulieren. Beim Umgang mit allen Materialien ist also Vorsicht geboten!

Kritisch werden auch die Waldstatistiken der UN-Ernährungs- und Landwirtschaftsorganisation (FAO) gesehen, wonach sich die Abholzung der Regenwälder verlangsamt hat. Die FAO hat einfach großzügiger definiert, was noch als Wald angesehen wird: Sie hat neu festgelegt, zu wie viel Prozent eine Fläche im Luftbild von Baumkronen bedeckt sein muss.

Karl-Albrecht Immel: Der schöne Schein der Zahlen. Weltsichten, Heft-Nr.: 2/3, VFEP, 16.03.2008, S. 57

M6 *Achtung: veränderte Berechnungsmethoden*

„Wenn wir im Radio hören, dass ein Reisbauer in Bangladesch pro Jahr exakt 49 Euro und 7 Cent verdient, so suggeriert diese Zahl ganz ohne böse Absicht eine Recherche auf Heller und Pfennig, die nie stattgefunden hat. Vermutlich hat man nur das grob auf 2 Milliarden Taka (die Landeswährung von Bangladesch) geschätzte Volkseinkommen auf die rund 91 Millionen Einwohner umgelegt und dann mit dem aktuellen Euro-Taka-Wechselkurs umgerechnet. Von diesen Zutaten ist nur der Wechselkurs exakt; das Sozialprodukt und die Bevölkerungszahl sind wilde Schätzungen. Wirft man aber alle Zutaten in einen Topf, kommt wieder eine (vermeintlich) exakte Zahl heraus."

Walter Krämer: So lügt man mit Statistik. Piper-Verlag, München 2000, S. 24

M9 *Achtung: geschätzte Daten*

Im Internet findet man Materialien zu fast jedem Themenbereich. Doch ist gerade hier die Gefahr der Verfälschung, der Verzerrung, der bewussten oder unbewussten Fehlinformation besonders groß. Es muss daher abgeschätzt werden, ob eine Quelle vertrauenswürdig ist oder nicht.
Bei Materialien aus dem Internet sind folgende Angaben wichtig:
• Angaben über den Verfasser der Seite, den Verantwortlichen für die Seite
• die URL (die Internet-Adresse)
• eventuell der Zeitpunkt der letzten Aktualisierung
• der Zeitpunkt des Zugriffs

M7 *Achtung: unsichere Quellen*

Werden Daten in Grafiken umgesetzt, ergeben sich verschiedene Möglichkeiten, die Aussage zu manipulieren:
• durch die Wahl der Abmessung (Höhe, Breite),
• durch die Eingrenzung der Wertskala,
• durch das Weglassen missliebiger Zeiträume,
• durch Hinzufügen von Schätzungen, die einen gewünschten Trend verstärken.
Das alles ist nicht korrekt, aber üblich.

M8 *Achtung: geschönte Diagramme*

3 „Traue keiner Statistik, die du nicht selbst gefälscht hast." Erläutere die Redensart.

4 Stelle eine Tabelle (M2, M4) in zwei verschiedenen Diagrammen dar. Versuche zu manipulieren.

Wir helfen bei der Suche nach Ihrem idealen Standort!

Wir bieten:

- modernste Infrastruktur neu erschlossener Gewerbegebiete als auch revitalisierter Altstandorte
- eine optimale Verkehrsanbindung
- Wirtschaftsförderung durch Investitionskostenzuschüsse und unbürokratische Bearbeitung
- Synergien durch Konzentration von Unternehmen spezifischer Branchenprofile
- maßgeschneiderte Vermarktungsstrategien und somit spürbare Wettbewerbsvorteile
- Betreuung ausschließlich von erfahrenen Fachleuten

M1 *Standortwahl – (k)eine Wahl*

Standortfaktoren und -entscheidungen

Bevor sich ein Betrieb an einen bestimmten Standort ansiedelt, werden die dortigen Bedingungen genau unter die Lupe genommen und bewertet.

In der Regel hat z. B. ein Industrieunternehmen bei der Wahl des optimalen Standortes eine Vielzahl von Einflussgrößen zu berücksichtigen. Sie werden als **Standortfaktoren** bezeichnet. Sie lassen sich als wirtschaftliche Vor- oder Nachteile verstehen, die sich aus der Niederlassung eines Unternehmens an einem bestimmten Standort ergeben.

Zur Zeit der Industrialisierung entwickelte der Ökonom Alfred Weber im Jahre 1909 eine der ersten Standorttheorien für die Ansiedlung von Industrieunternehmen (M2).

Durch den technischen Fortschritt oder geänderte Ansprüche an einen Wirtschaftsraum spielen andere Faktoren bei der Wahl des optimalen Standortes eine immer größere Rolle.

Heute werden harte und weiche Standortfaktoren unterschieden. Harte Standortfaktoren wirken sich unmittelbar auf die Produktionskosten aus und sind messbar. Weiche dagegen beziehen sich auf die Lebensbedingungen der Mitarbeiter und sind schwierig messbar.

Die Entscheidung für einen Standort hängt von vielen Faktoren und deren Gewichtung ab. Heutzutage wird eine Standortwahl auch im globalen Zusammenhang entschieden.

Für Weber waren die Transportkosten für Rohstoffe und Fertigerzeugnisse der wichtigste Standortfaktor. Deshalb siedelte er den Produktionsort bei hohem Gewichtsverlust der Rohstoffe während des Veredlungsprozesses in der Nähe der Rohstoffvorkommen an (rohstofforientierte Industrie).

Je geringer der Gewichtsverlust der Rohstoffe, desto näher liegt der Produktionsort am Absatzort (absatzorientierte Industrie).

Heute: Regionale Unterschiede hinsichtlich des Ausbaus der Infrastruktur, Lohnkosten, Steuern, Subventionen, Umweltnormen haben größeren Einfluss als die Transportkosten.

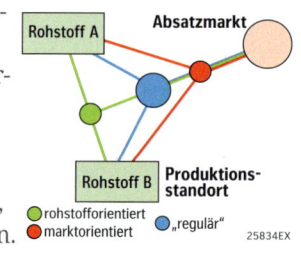

M2 *Standorttheorie von Alfred Weber*

---

1 Vergleiche harte und weiche Standortfaktoren.

2 Formuliere die Kernaussage der Standorttheorie von A. Weber.

100800-30
schueler.diercke.de

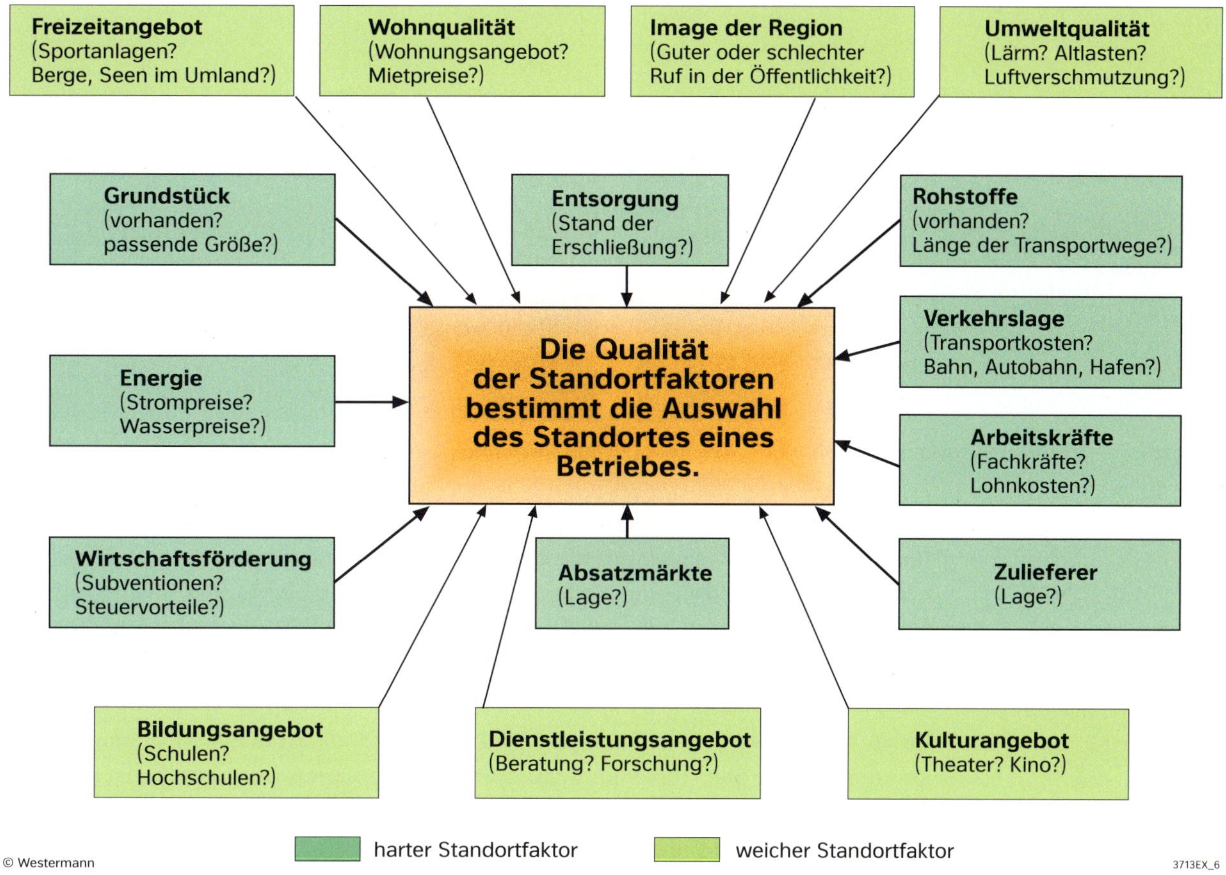

Freizeitangebot
(Sportanlagen? Berge, Seen im Umland?)
Wohnqualität
(Wohnungsangebot? Mietpreise?)
Image der Region
(Guter oder schlechter Ruf in der Öffentlichkeit?)
Umweltqualität
(Lärm? Altlasten? Luftverschmutzung?)
Grundstück
(vorhanden? passende Größe?)
Entsorgung
(Stand der Erschließung?)
Rohstoffe
(vorhanden? Länge der Transportwege?)
Energie
(Strompreise? Wasserpreise?)
Die Qualität der Standortfaktoren bestimmt die Auswahl des Standortes eines Betriebes.
Verkehrslage
(Transportkosten? Bahn, Autobahn, Hafen?)
Arbeitskräfte
(Fachkräfte? Lohnkosten?)
Wirtschaftsförderung
(Subventionen? Steuervorteile?)
Absatzmärkte
(Lage?)
Zulieferer
(Lage?)
Bildungsangebot
(Schulen? Hochschulen?)
Dienstleistungsangebot
(Beratung? Forschung?)
Kulturangebot
(Theater? Kino?)
© Westermann
harter Standortfaktor
weicher Standortfaktor
3713EX_6

M3 *Harte und weiche Standortfaktoren*

In der Vergangenheit hielten Unternehmen oft noch an einem Standort fest, wenn sich die Standortanforderungen längst geändert hatten. Heute sind kurzfristige Standortverlagerungen die Regel. Ursachen sind die Forderung des Marktes nach Flexibilität, die Nutzung von Kooperationsmöglichkeiten und neue Produktionskonzepte. In vielen Industrien kommt es zur Bildung von Unternehmensnetzwerken, sogenannten Clustern. Hier kooperieren Produzenten, Zulieferer, Dienstleister und weitere beteiligte Institutionen miteinander. Der Wettbewerbsvorteil entsteht durch einen hohen Grad an Spezialisierung.

M4 *Wertewandel der Standortfaktoren*

0
100 km
Hamburg
Medien
Schiffbau
Flugzeugindustrie
Berlin
Medien
Verkehr
Dortmund
Biomedizin
Molekularelektronik
Mikrosystemtechnologie
Nanotechnologie
Unterrhein
Logistik
Leipzig
Logistik
Raum Dresden
Solarindustrie
Halbleitertechnologie
Köln
Medien
Frankfurt
Finanzen
Consulting
Jena
optische Industrie
Region Rhein-Neckar
Biotechnologie
Hightech
Medientechnologie
Raum Nürnberg-Erlangen
Medizintechnik – „Medical Valley"
Region Mittlerer Neckar
Automobilbau
Maschinenbau
Freiburg
Solarforschung
Biotechnologie
Region München
Biotechnologie
Informationstechnologie
Luft- und Raumfahrttechnik
Quelle: Kulke, E.: Wirtschaftsgeographie. Paderborn 2013
31180EX_2

M5 *Beispiele für Cluster in Deutschland*

3 Ermittle Standortvorteile, die dein Heimatort zu bieten hat.

4 Begründe den Bedeutungswandel von Standortfaktoren.

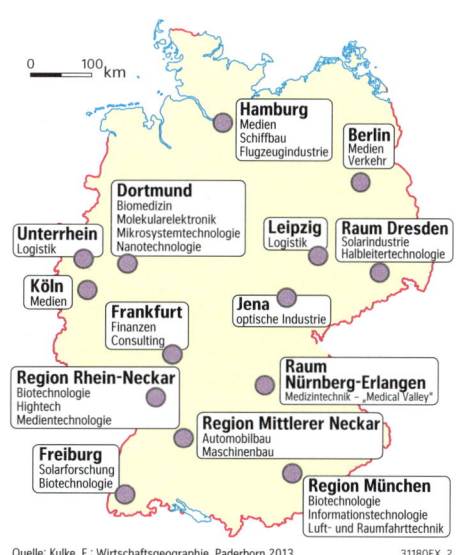

M1 *Bochum – Zeche Hannover 1955*

M3 *Technologie-Park Dortmund*

M2 *Das Ruhrgebiet*

Kohle, Stahl und Gefährdungen

Das Ruhrgebiet ist mit einer Fläche von 4400 km² und 5,2 Millionen Einwohnern heute der größte **Verdichtungsraum** und einer der führenden Wirtschaftsräume Europas.

Bis in die 1950er-Jahre hinein war das Ruhrgebiet vom Steinkohlenbergbau sowie der Eisen- und Stahlindustrie geprägt. Bereits Ende der 1950er-Jahre führte eine Kohlekrise zum Sterben vieler Zechen in der Region. Durch billige Steinkohleimporte und die Umstellung auf Erdöl ging die Förderung von Steinkohle zurück. Später kam die Eisen- und Stahlkrise hinzu. Die letzte Zeche im Ruhrgebiet schließt nun 2018.

Mit den Folgen des Bergbaus wird sich das Ruhrgebiet jedoch noch lange beschäftigen müssen. Der Untergrund ist löchrig wie ein Schweizer Käse. Immer wieder kommt es durch Bodenabsenkungen zu Schäden an Gebäuden, Verkehrsanlagen oder landwirtschaftlichen Flächen.

Dauerhaft muss über ein riesiges System von Pumpen auch das salzige und belastete Grubenwasser abgepumpt werden, damit es nicht das Grundwasser verunreinigt. Die Kosten für die Beseitigung von Bergbauschäden liegen bei mehr als 100 Millionen Euro pro Jahr.

www.ruhr-guide.
de/freizeit/in-
dustriekultur/
das-ruhrgebiet-die-
entwicklung-und-
der-strukturwan-
del/21960,0,0.html

www.planet-wissen.
de
(→ Der Pott im
Wandel)

ⓘ Altindustrieräume

Räume, die von Industriebetrieben geprägt sind, entwickelten sich weltweit ähnlich: Zunächst erfolgte eine Phase des Aufschwungs (oft geschah dies in der Frühphase der Industrialisierung im 19. Jahrhundert). Danach schloss sich eine Reifephase an und schließlich folgte eine Schrumpfungsphase (zum Teil ab den 1960er-Jahren).

Wenn von Altindustrieräumen gesprochen wird, meint man in der Regel Industriegebiete, die sich in der Schrumpfungsphase befinden. Diese sind fast ausschließlich monostrukturiert und weisen sogenannte „alte Industriebranchen", wie die Montan- oder die Textilindustrie auf. Altindustrieräume befinden sich weltweit in einem Strukturwandel.

❶ Nenne Standortfaktoren, die dazu führten, dass sich das Ruhrgebiet zu einem der größten Verdichtungsräume Europas entwickelte. Vergleiche mit anderen Altindustrieräumen.

100800-40
schueler.diercke.de

M4 *Grusellabyrinth Nordrhein-Westfalen (alte Waschkaue Prosper Haniel 2)*

 **3000 m² Gänsehaut, Spannung & Magie**

Seit 2015 gibt es in Bottrop auf dem ehemaligen Zechengelände Prosper 2 auf 3000 m² das größte Grusellabyrinth in Deutschland. Insgesamt durchläuft das Publikum 16 verschiedene Szenarien. Hierbei handelt es sich um eine Mischung aus interaktiver Show und Labyrinth; ein packendes Gruselmärchen für die ganze Familie.

Das Ruhrgebiet im Wandel

Das Ruhrgebiet befindet sich in einem Strukturwandel. Großkonzerne, die früher ausschließlich im Kohle- und Stahlbereich tätig waren, haben diese Monostruktur aufgebrochen und sich neue Geschäftsfelder erschlossen, vor allem im Bereich der Informations- und Kommunikationstechnologie sowie der Umweltsicherung. Ein erster Schritt des Wandels im Ruhrgebiet vom Produktions- zum Forschungsstandort waren die Gründungen von Universitäten und Hochschulen. 1962 entstand die Ruhr-Universität in Bochum als erste Universität des Ruhrgebietes (zum Vergleich: Die Leipziger Universität wurde 1409 gegründet). Heute verfügt die Region über das dichteste Hochschulnetz in ganz Europa.

Ein zweiter Schritt war die Errichtung von Technologieparks bzw. Technologiezentren. Sie sind das Bindeglied zwischen Hochschule und Wirtschaft.

Das Ruhrgebiet steht inzwischen für eine hohe Lebensqualität. Im Ruhrgebiet haben die Verantwortlichen in Politik und Wirtschaft erkannt, dass ein gutes Image der Region von großer Bedeutung ist. So können zum Beispiel Arbeitskräfte viel besser gehalten und angelockt werden, wenn auch das Leben in einer Region attraktiv erscheint. Durch entsprechendes Marketing soll auch auf weiche Standortfaktoren aufmerksam gemacht werden. Der ehemalige „Ruhrpott" hat sich auch zu einer der dichtesten Kulturlandschaften der Welt entwickelt.

Nahezu jedes Wochenende findet ein Event in einer der Ruhrstädte statt.

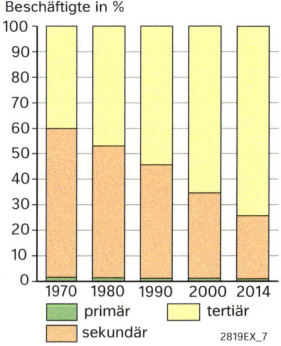

M6 *Beschäftigte nach Wirtschaftssektoren im Ruhrgebiet*

Erleben Sie eine Städtereise ins Ruhrgebiet und lassen Sie sich faszinieren von 3500 Industriedenkmälern, 250 Festivals und Festen, 200 Museen, 120 Theatern, 100 Kulturzentren, 100 Konzertsälen und zwei großen Musicaltheatern. Zusammen eine aufregende Mischung aus Kultur und Entertainment!

Ob Einheimische oder Besucher, Groß oder Klein, für jeden hält die Metropole Ruhr das passende Angebot bereit. Und auch, wenn die Sonne mal nicht scheint, gibt es hier ganz viel zu erleben!

M5 *Werbetext für das „neue" Ruhrgebiet*

---

② Beschreibe wirtschaftliche und soziale Folgen des Strukturwandels im Ruhrgebiet (Atlas).

③ „Vom Ruhr- zum Kulturgebiet". Erläutere die Aussage. Informiere dich auch im Internet.

M1 *Lage des Mitteldeutschen Chemiedreiecks*

M2 *TOTAL Raffinerie bei Nacht*

Mitteldeutsches Chemiedreieck – Strukturwandel

Der Verdichtungsraum Halle-Leipzig-Bitterfeld ist eine traditionell bedeutende Industrieregion in Deutschland. Noch heute prägen die chemische Industrie und der Braunkohlenbergbau die Wirtschaftsstruktur dieses Raumes. Die Voraussetzungen für die Entwicklung einer chemischen Industrie zu Beginn des 19. Jahrhunderts waren durch die Braunkohle als Rohstoff und für die Energiegewinnung sehr günstig. Hinzu kam, dass sich als Nachfolgeindustrien auch zahlreiche Betriebe des verarbeitenden Gewerbes ansiedelten.

Nach der politischen Wende 1989 galt es, das Chemiedreieck als Standort der Großchemie zu erhalten. Erforderlich waren die Entflechtung der überaus großen Wirtschaftseinheiten des Braunkohlenbergbaus und der Chemie sowie die Stilllegung unrentabler Bereiche. Hinzu kam ein drastischer Arbeitsplatzabbau.

Inzwischen kann der Strukturwandel durchaus als erfolgreich angesehen werden. Die Chemieindustrie ist zu einer Top-Adresse für die moderne Chemie in Europa geworden. Die hohe Standortattraktivität drückt sich auch darin aus, dass sich über 600 Betriebe seit Mitte der 1990er-Jahre hier angesiedelt haben. Darunter waren Chemie-Riesen wie Dow Chemical (USA), Bayer (Deutschland) und die TOTAL Raffinerie.

Als wichtige Standortvoraussetzungen gelten für Ansiedler eine hervorragend ausgebaute integrierte Rohstoffversorgung, die sehr gute Anbindung an das europäische Verkehrsnetz (Schiene, Straße, Pipeline, Luftverkehr), die Nähe zu Märkten in Mittel- und Osteuropa, exzellente Forschungsaktivitäten an einzelnen Standorten sowie die enge Verbindung zu Hochschulen in der Region.

Damit sich die Unternehmen voll auf ihr Kerngeschäft konzentrieren können, bieten spezielle Unternehmen, z. B. InfraLeuna, Dienstleistungen an.

www.youtube.com
(→ 100 Jahre Leuna)

www.infraleuna.de

www.chemiepark.de

www.total.de
(→ über uns →
TOTAL in Deutschland → Raffinerie
für Mitteldeutschland)

ⓘ Strukturwandel im Braunkohlenbergbau

Der Ausstieg aus der Braunkohle erscheint mittelfristig unausweichlich. Prognostiziert wird, dass der Braunkohleausstieg in Mitteldeutschland mehrere Millionen Euro kosten wird. Betroffen davon sind rund 6000 direkte Arbeitsplätze, die an der Braunkohle-Nutzung hängen. Langfristig müssen neue Arbeitsplätze zum Beispiel im Bereich der alternativen Energiegewinnung oder der Speicherung von Energie entstehen.

Eine Projektgruppe zur Vorbereitung des Strukturwandels unter dem Dach der Europäischen Metropolregion Mitteldeutschland wurde inzwischen schon installiert.

M3 *Autobahnkreuz Schkeuditz und Brücke zum Airport Leipzig/Halle*

M4 *Demo für ein Nachtflugverbot*

Leipzig/Halle – Top-Logistikregion

In den bestimmenden Branchen im Verdichtungsraum Halle-Leipzig-Bitterfeld, der den Kern der Europäischen Metropolregion Mitteldeutschland bildet, gehören neben der Chemie- und Kunststoffindustrie auch der Automobilbau (BMW, Porsche) und die Logistikwirtschaft. Letztere zählt inzwischen zu den Top-Logistikregionen in Deutschland. Nach Hamburg und Berlin nimmt Leipzig/Halle unter 28 Logistikregionen Platz 3 ein. Aufgrund günstiger Standortfaktoren hat sich eine Vielzahl von Logistikdienstleistern wie Amazon, ebay oder DHL angesiedelt, die unterschiedliche Dienstleistungen anbieten. Eine besonders große Bedeutung kommt dem Airport Leipzig/Halle als DHL-Eurohub (europäisches Frachtdrehkreuz) zu. Er ist Europas modernster Umschlagplatz für Luftfracht, mit einem riesigen Warehouse, der größten Verteil- und Sortieranlage für Pakete, so groß wie sieben Fußballfelder.

Einerseits hat die DHL-Ansiedlung vielen Menschen eine berufliche Perspektive gegeben und trägt zur Verbesserung der Wirtschaftskraft der Region bei. Andererseits betrifft das, was für die Logistikbranche unverzichtbar ist - nämlich Nachtflüge - viele Einwohner in und um Leipzig und Halle. Einige von ihnen verlangen sogar ein Nachtflugverbot (M4).

Um die Einschränkungen für Mensch und Natur zu minimieren, gibt es verschiedene Strategien. Beispielsweise müssen Flugzeuge strenge Lärmgrenzwerte einhalten und der Flughafen hat ein Lärmschutzkonzept mit Schallschutzfenstern und Lüftungseinrichtungen für die Anwohner umgesetzt.

ⓘ Metropolregion
Eine Metropolregion umfasst eine oder mehrere Kernstädte mit dicht bebautem Umland und angrenzenden ländlichen Gebieten. Sie wird als Motor der sozialen, gesellschaftlichen und wirtschaftlichen Entwicklung eines Landes betrachtet.

---

① Beschreibe Veränderungen im Mitteldeutschen Chemiedreieck nach 1990.

② Begründe mithilfe harter und weicher Standortfaktoren die Ansiedlung zahlreicher, mit der Chemie verbundener Unternehmen (Internet).

③ Analysiere den Strukturwandel im Braunkohlenbergbau. Nutze dazu Atlas und Internet www.mibrag.de.

④ Erläutere am Beispiel Leipzig/Halle den Bedeutungswandel der drei Wirtschaftssektoren.

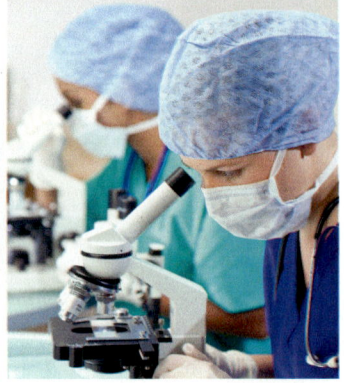

M1 *Dienstleistungsberufe*

Struktur des tertiären Sektors

Der tertiäre Sektor umfasst Branchen und Tätigkeiten, in denen keine materiellen, sondern immaterielle Leistungen erbracht werden.

Die Bandbreite der Berufe und Unternehmen ist extrem vielfältig. Es existieren sowohl einfache Dienstleister, die meist ein niedriges Lohnniveau aufweisen (z. B. Einzelhandel, Gastronomie), als auch gehobene Dienstleistungen (z. B. Rechtsberatung, Forschung). Diese hoch qualifizierten Dienstleistungen werden oft als quartärer Sektor ausgegliedert.

Ausgehend von der Nachfrage lassen sich personenbezogene und unternehmensorientierte Dienstleistungen unterscheiden. Personenbezogene Dienstleistungen werden individuell vom Kunden nachgefragt (Friseur, Physiotherapie), unternehmensbezogene richten sich an Firmen (Werbung, Unternehmensberatung). In der Praxis ist eine exakte Zuordnung schwierig, weil häufig beide Kundengruppen angesprochen werden. Ergänzt wird das Spektrum noch durch die öffentlichen Dienstleistungen.

Die Dynamik des tertiären Sektors zeigt sich in hohen Wachstumsraten und einer sich ständig verändernden und differenzierteren Struktur.

ⓘ Quartärer Sektor
Dazu gehören wissensintensive Dienstleistungen auf der Basis hoher Qualifikation und mit hohem Einkommen, die von einfachen Dienstleistungen unterschieden und aus dem tertiären Sektor ausgegliedert werden.

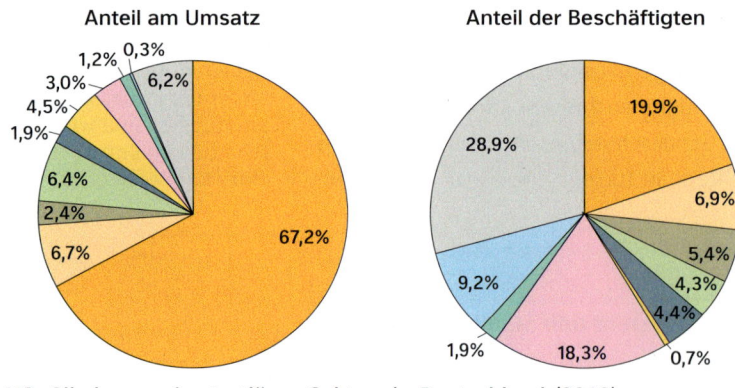

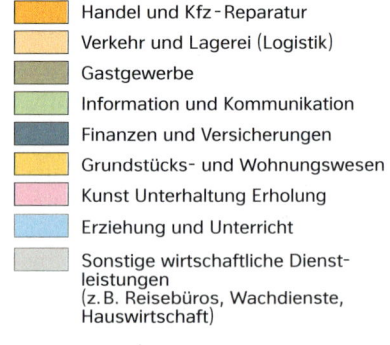

Legende:
- Handel und Kfz-Reparatur
- Verkehr und Lagerei (Logistik)
- Gastgewerbe
- Information und Kommunikation
- Finanzen und Versicherungen
- Grundstücks- und Wohnungswesen
- Kunst Unterhaltung Erholung
- Erziehung und Unterricht
- Sonstige wirtschaftliche Dienstleistungen (z. B. Reisebüros, Wachdienste, Hauswirtschaft)

© Westermann 36118EX

M2 *Gliederung des tertiären Sektors in Deutschland (2016)*

① Analysiere die Vielfalt des tertiären Sektors. Nenne Beispiele aus deinem Lebensumfeld.

② Erläutere am Beispiel des Einzelhandels den Wandel der Standortbedingungen.

M3 *Fußgängerzone in Stendal*

M4 *Einkaufszentrum Florapark in Magdeburg*

Standortwahl von Dienstleistern in der Stadt

Die Bedeutung von Städten wird zu großen Teilen von Einrichtungen und Unternehmen des tertiären Sektors bestimmt. Auch für ihr Umland sind Städte Versorgungszentren, bieten kulturelle Einrichtungen sowie Arbeitsplätze für Städter und Umlandbewohner.

Unternehmen, die personenbezogene Dienstleistungen anbieten, sind auf direkte Kontakte zu ihren Kunden angewiesen. Entsprechend wählen sie Standorte, die nahe beim Kunden sind. Man findet sie sowohl in den Citys der Städte als auch in den Außenbezirken.

Für den Kauf von ein paar Kaugummis, Milch oder Brötchen wird niemand längere Wege auf sich nehmen. Solche Waren des „täglichen Bedarfs" werden deshalb auch in der Nähe der Kunden angeboten: am Kiosk „um die Ecke", in der Bäckerei und im Supermarkt des Wohnviertels. Für Waren, die nicht täglich nachgefragt werden wie Kleidung oder Möbel, also Waren des „längerfristigen Bedarfs", werden hingegen auch weite Wege in Kauf genommen.

Unternehmen mit einem solchen Angebot benötigen, um profitabel wirtschaften zu können, Standorte, an denen sie von möglichst vielen Kunden gut erreicht werden können. Dies ist in der City, aber auch an verkehrsgünstig gelegenen Standorten am Stadtrand garantiert. Am Rand von Städten siedeln sich solche Betriebe an, die große Flächen benötigen wie Möbelhäuser oder Fachmärkte (z.B. Baumärkte). Für sie sind die Miet- oder Bodenpreise in der City zu teuer.

An vielen Standorten ballen sich Unternehmen, denn davon haben sie Vorteile: Einzelhandelsgeschäfte, sogar solche mit ähnlichem Angebot, ziehen gemeinsam mehr Käufer an.

Eine Apotheke, die sich neben einem Ärztehaus befindet, kann mit mehr Kunden rechnen. Auch Einzelhandels- und Dienstleistungsbetriebe, die gemeinsam „auf der grünen Wiese" am Stadtrand oder im Umland Einkaufszentren bilden, profitieren voneinander. Solche Standortvorteile werden Agglomerationsvorteile genannt.

1965	2
1975	50
1985	81
1995	179
2005	363
2015	463
2017	479

M5 *Anzahl der Shopping-Center in Deutschland*

---

3 Begründe den Standortvorteil von Städten für Einrichtungen des tertiären Sektors.

4 Diskutiert die Errichtung von Gewerbe- und Einkaufsparks im Stadtumland.

M1 *Grafikdesignerin in einer Werbeagentur*

Kultur- und Kreativwirtschaft

Die Kultur- und Kreativwirtschaft ist eine oft schillernde Dienstleistungsbranche. Dazu gehören unter anderem Künstler, Musiker und Regisseure, Architekten und Redakteure, Designer von Computerspielen und von futuristischen Auto-Prototypen, aber auch freie Journalisten und Mitarbeiter in Werbeagenturen. Eine Reihe deutscher Städte hat sich als Medien- und Kulturstandort profiliert. Sie gehen davon aus, dass der Glanz eines Fernsehsenders, großer überregionaler Zeitungen und eines Clusters von Softwareschmieden auch auf die gesamte Wirtschaft abstrahlt.

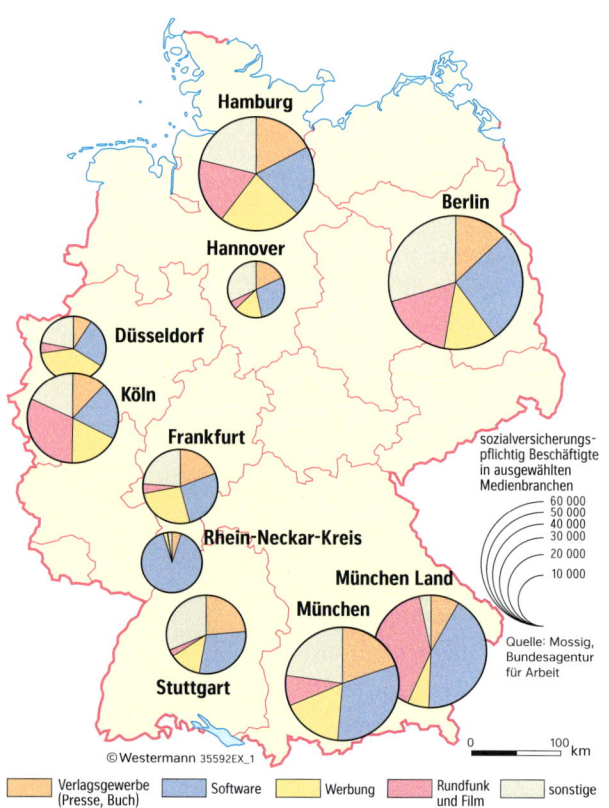

M2 *Beschäftigte in der Medienwirtschaft 2014 in den zehn größten Medienstandorten*

Quelle: Bundesagentur für Arbeit   35593EX_1

M3 *Kernbranchen der Kultur- und Kreativwirtschaft*

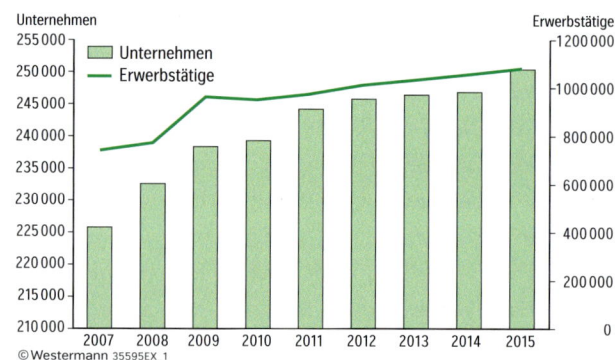

M4 *Entwicklung der Kultur- und Kreativwirtschaft 2007–2015*

---

① Erläutere, dass die Kultur- und Kreativwirtschaft als Teil des Dienstleistungssektors eine Branche mit Zukunft ist.

② Analysiere, wie dein persönliches Lebensumfeld durch Kernbranchen der Kultur- und Kreativwirtschaft beeinflusst wird.

M5 *Modenschau während der Berliner Fashion Week*

❶ Kultur- und Kreativwirtschaft
Unter Kultur- und Kreativwirtschaft werden diejenigen Kultur- und Kreativunternehmen erfasst, welche überwiegend erwerbswirtschaftlich orientiert sind und sich mit der Schaffung, Produktion, Verteilung und/oder medialen Verbreitung von kulturellen/kreativen Gütern und Dienstleistungen befassen.

Beispiel Hauptstadt Berlin

Bis in die späten 1980er-Jahre war Berlin eine europäische Industriemetropole. Danach hat sich auch die Berliner Wirtschaftsstruktur grundlegend verändert. Während der Anteil des produzierenden Gewerbes heute nur noch einen Anteil von rund 15 Prozent am BIP hat, ist der Dienstleistungssektor mit rund 85 Prozent inzwischen der wichtigste Wirtschaftssektor. Berlin ist zu einem Treffpunkt besonders von Menschen mit kreativen Berufen aus aller Welt geworden und hat sich zu einem führenden Medien-, Kultur- und Wissenschaftsstandort entwickelt. Vor allem die Informations- und Kommunikationswirtschaft erweist sich als Motor der Entwicklung des Berlin-Brandenburger Großraumes.

Ein großes Zukunftspotenzial besitzt insbesondere auch die Kreativwirtschaft. Ausdruck dafür sind zahlreiche Unternehmensgründungen in den Bereichen Software/Games, Musik, Multimedia, Eventmanagement und Online-Marketing.

Kulturstandort
- Opernhäuser, Theater, Varietés, Musicals
- Museen, Ausstellungen
- Philharmonie
- Konzert-, Musik- und Filmfestivals

Medienstandort
- national führend bei Werbung/Design, Mode, TV- und Filmproduktionen
- seit 2006 eingebunden ins Netzwerk „Creative Cities"
- „Stadt des Design" verliehen, von der UNESCO
- bedeutender nationaler Standort für Nachrichten, Talk und politischen Journalismus
- Sitz MTV, N24, Nickelodeon u.a.
- stärkste deutsche Verlagsregion (Springer)
- digitale Gründerhochburg (Web, Social Media, Mobile, Games), attraktiver Start-up-Standort

M6 *Standortfaktoren: Kultur und Medien*

http://innobb.de/de/Cluster/Cluster-IKT-Medien-und-Kreativwirtschaft

http://www.halle.de/de/Wirtschaft/Medien-und-Kreativwi-08415/

- 7 Universitäten, 21 Hoch- und Fachhochschulen
- ca. 100 außeruniversitäre Forschungseinrichtungen
- 42 Technologiezentren
- Universitätsklinikum Charité
- bundesweit die höchste Dichte an Forschungseinrichtungen

M7 *Wissenschaftsstandort Berlin*

❸ Charakterisiere Berlin als einen bedeutenden Standort der Medienwirtschaft. Erarbeite dazu zwei Beispiele vertiefend.

❹ Informiere dich über den Medienstandort Halle. Begründe, weshalb die Stadt den Beinamen „Halliwood" trägt.

M1 *Orientierung mit GPS im Handy*

M2 *Auf Exkursion*

Methode Exkursion

Exkursionen sind eine gute Möglichkeit, um direkt vor Ort geographische Informationen zu erheben bzw. zu sammeln. Sie sind oft aufwendig in der Vorbereitung, aber das im Unterricht theoretisch erworbene Wissen kann dort praktisch angewandt und ergänzt werden. Zudem ist Teamfähigkeit eine wichtige Voraussetzung, die auch im späteren Berufsleben eine wichtige Fähigkeit darstellt. Die Fragestellungen der Exkursionen können zudem das Wissen aus mehreren Schulfächern miteinander verbinden.

So geht ihr vor

1. Exkursion vorbereiten
- Legt das Thema und den Exkursionsraum fest.
- Erarbeitet ein oder mehrere Leitfragestellungen.
- Beschafft euch Informationen zu Region und Thema (z. B. Internet, Literatur, Vorerkundung).
- Erstellt einen Arbeitsplan (z. B. Gruppen- und Themenaufteilung, Exkursionsrouten, Arbeitsmethoden, Materialien, Medien).
- Plant die organisatorischen Einzelheiten (z. B. An- / Abreise, Kosten, Genehmigungen etc.).

2. Exkursion durchführen
- Untersucht den Exkursionsraum entsprechend den Fragestellungen.
- Sammelt Daten und Materialien.

- Protokolliert und dokumentiert eure Beobachtungen und Erkenntnisse.
- Besprecht am Ende der Exkursion die Ergebnisse.

3. Ergebnisse auswerten
- Wertet die Ergebnisse der Untersuchungen aus und bereitet sie in einem Exkursionsbericht auf.
- Beantwortet die Leitfragen.
- Ergänzt die Ergebnisse evtl. durch weitere Recherchen.

4. Ergebnisse präsentieren
- Präsentiert eure angefertigten Dokumentationen, z. B. Poster, Mappen, Power Point.

5. Exkursion auswerten
- Schätzt die Qualität eurer Ergebnisse ein.
- Diskutiert Verbesserungsmöglichkeiten.

⊘ www.geowerkstatt. com/?p=3712

sich informieren	Informationen festhalten	auswerten und darstellen
• beobachten • ausfindig machen • zählen, messen • lesen • befragen, interviewen • erproben	• skizzieren, zeichnen • kartieren, notieren • protokollieren, fotografieren und videografieren, Audio aufnehmen • sammeln, einkaufen	• ausstellen, aushängen • berichten, erklären • Collage, Wandzeitung gestalten • Reportage aufführen • Rollenspiel

M3 *Exkursionstätigkeiten*

① Plant eine Exkursion in eurem Lebensumfeld unter Nutzung der Schrittfolge. Analysiert dabei den Standort eines Unternehmens.

② Fertigt einen digitalen Exkursionsbericht an. Analysiert kritisch eure Arbeitsergebnisse und euer Arbeitsvorgehen.

Unternehmerische Standortwahl

Für jedes Unternehmen ist die Standortwahl eine Entscheidung mit langfristiger
Wirkung. Den optimalen Standort gibt es
jedoch nicht, meist stehen mehrere zur
Auswahl. Bei einer Standortanalyse werden alle zutreffenden harten und weichen
Standortfaktoren analysiert, geprüft und
gewichtet. Für die einzelnen Branchen
und Unternehmen ist die Bedeutung der
Standortfaktoren sehr unterschiedlich. Die
erfolgte Standortwahl hat Auswirkungen
auf die Wirtschafts- und Sozialstruktur
des jeweiligen Ortes.

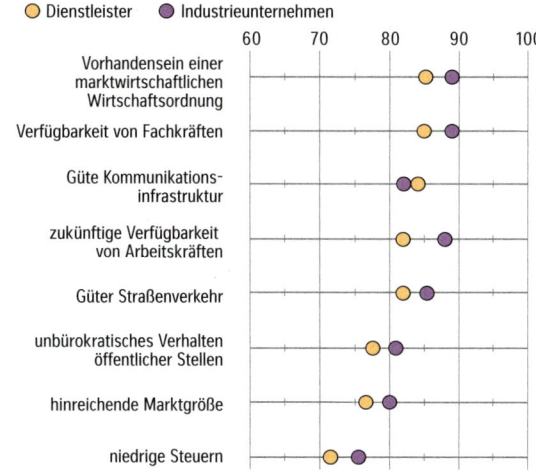

**Welche Standortfakto-
ren wichtig sind**
Befragungsergebnisse
von 2256 deutschen
Unternehmen durch-
schnittliche Bewertung
der Standortfakroren:
0 = irrelevant, 100 = ab-
solut unverzichtbar

M5 *Standortfaktoren
nach ihrer Wichtig-
keit – Dienstleistun-
gen und Industrie im
Vergleich (Auswahl)*

So geht ihr vor

1. Vorbereiten
- Legt ein zu untersuchendes Unternehmen fest. Ordnet es einem Wirtschaftssektor zu.
- Ermittelt Standortfaktoren, die für den Wirtschafts-
bereich, zu dem es gehört, von besonderer Bedeutung sind.
- Nehmt organisatorische Planungen vor (Termine,
Methoden, Arbeitsgruppen, einzubeziehende Personen u.a.).

2. Durchführung
- Analysiert den Standort des Unternehmens. Unterscheidet dabei in harte und weiche Standortfaktoren
und wichtet deren Bedeutung.

- Informiert euch über den Web-Auftritt des Unterneh-
mens im Internet.
- Führt ein Expertengespräch im Unternehmen durch.
Formuliert dazu inhaltliche Schwerpunkte.
- Befragt Mitarbeiter zu weichen Standortfaktoren
mithilfe eines Fragebogens.
- Analysiert, welche Auswirkungen das Unternehmen
auf den Raum hat.

3. Auswerten
- Bewertet die Standortentscheidung des Unternehmens.
- Bereitet eure Analyseergebnisse auf, diskutiert und
präsentiert sie.
Reflektiert euer Vorgehen bei der Standortanalyse
und die erreichten Ergebnisse. Zieht Schlussfolgerungen.

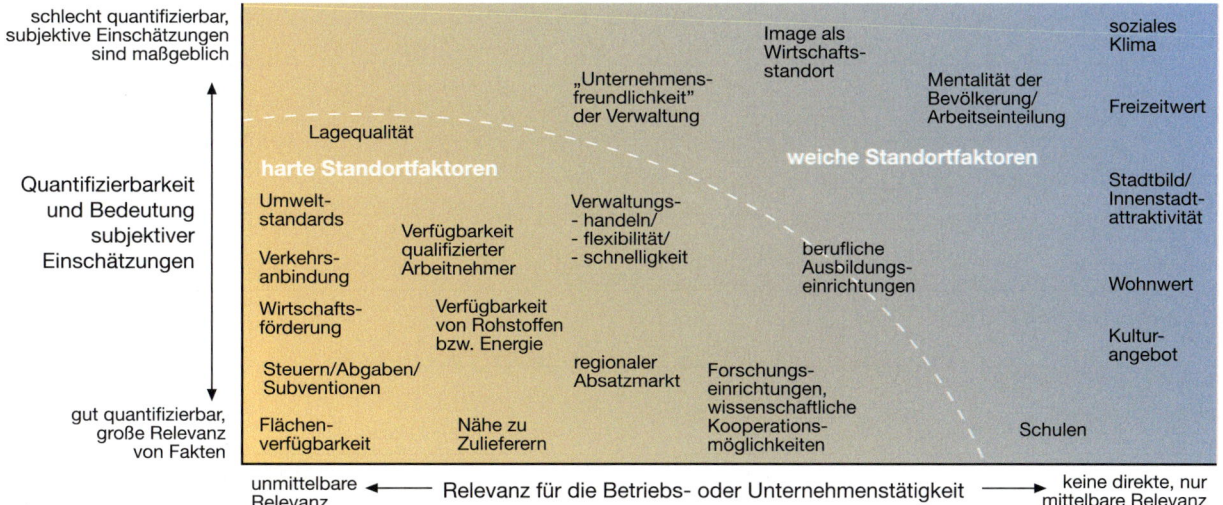

M4 *Bedeutung für die Standortentscheidung eines Betriebes*

Thematische Karten

stellen geographische Sachverhalte und Entwicklungen im Raum dar. Sie bilden verschiedene Bereiche der Physischen wie auch der Wirtschafts- und Sozialgeographie ab.

So gehst du vor

1. Sich über die bzw. in der Karte orientieren
- Nenne das Thema/den Titel der Karte und den darin dargestellten Raum.
- Ordne den Kartenausschnitt in größere Raumeinheiten ein.
- Gib – wenn ausgewiesen – das Jahr/den Zeitraum der Karte an, z.B. wenn es sich um eine Kartenfolge handelt.

2. Karte lesen
- Lies die Legende (Kategorien, Linien-, Flächen-, Punktsymbole).
- Beschreibe den Inhalt der Karte (Häufigkeit/Größenordnung und räumliche Verteilung der Symbole). Nutze dazu auch den Maßstab.

3. Karte auswerten
- Stelle mögliche Zusammenhänge zwischen den Teilinhalten der Karte her. Formuliere Aussagen oder Fragen, die sich daraus ergeben.
- Vergleiche die Karteninhalte, z.B. mit Karten anderer thematischer Schwerpunktsetzung oder Kartenfolgen aus unterschiedlichen Jahren.
- Ziehe ein Fazit. Erläutere Ergebnisse der Kartenauswertung. Nutze dazu auch weitere Informationen und Materialien.
- Bewerte die thematische Karte (Aktualität, Aussagekraft).

www.diercke.de
(→ Eine thematische Karte lesen und auswerten)

www.youtube.com
(→ Karten analysieren und interpretieren)

Anwendung: Analysiere den Wirtschaftsraum Deutschland. Nutze dazu selbstständig ausgewählte Karten aus dem Diercke Weltatlas oder dem Schulbuch.

1. Beschreibe die wirtschaftsräumliche Gliederung Deutschlands, ordne darin Sachsen-Anhalt ein. Werte dazu eine geeignete, selbstständig ausgewählte Karte aus.
2. Vergleiche ausgewählte Daten zur sozioökonomischen Situation der Raumordnungsregion Schleswig-Holstein Nord mit der deiner Heimatregion. Werte dazu entsprechende Karten aus.

	Schleswig-Holstein Nord	_____	genutzte Atlasseiten
Lage			
Veränderung der Einwohnerzahl			
Sozialversicherungspflichtig Beschäftigte			
Erwerbstätige nach Wirtschaftssektoren			
Erwerbstätige insgesamt			
Bruttoinlandsprodukt je Einwohner			
Bewertung der Nachhaltigkeit			
Fazit:			

3. Analysiere den Landschaftswandel im Geiseltal (Industrieraum Halle-Leipzig) mithilfe einer geeigneten Kartenfolge. Begründe die Veränderungen.

1. Wirtschaftssektoren

Ordne folgende Berufe den drei Wirtschaftssektoren zu:

Landwirt, Ingenieur, Bäcker, Bergmann, Krankenpfleger, Friseur, Mechatroniker, Tischler, Reiseleiter, Verkäufer, Lehrer.

2. Standortfaktoren

Ordne die nachfolgenden Voraussetzungen harten und weichen Standortfaktoren zu:

Steinkohle, qualifizierte Arbeitskräfte, Energieversorgung, Image der Region, Autobahnanschluss, Absatzmarkt, Freizeiteinrichtungen, Schulnähe.

3. Wirtschaftsräumliche Gliederung

Entscheide, ob die nachfolgenden Aussagen richtig oder falsch sind. Begründe deine Entscheidung.

	richtig	falsch
Das Rhein-Main-Gebiet ist ein Verdichtungsraum.		
In der Altmark dominiert der tertiäreSektor.		
Der Bergbau gehört zum primären Sektor.		
In Deutschland vollzieht sich ein Wandel zur Industriegesellschaft.		

Kompetenz-Check

Hier sind die Kompetenzen aufgeführt, die du in diesem Kapitel erwerben konntest.
Schätze deinen erreichten Stand der Kompetenzentwicklung selbst ein:

☺ sehr gut   ☺ gut   ☺ befriedigend   ☹ mangelhaft

Ich kann ...	☺	☺	☺	☹	Noch unsicher? Schlage nach auf S. ...
... eine Lagebeschreibung Deutschlands vornehmen und das Land in verschiedene räumliche Ordnungssysteme einordnen.					130/131
... die wirtschaftsräumliche Gliederung Deutschlands und Sachsen-Anhalts erläutern und bestehende Disparitäten erklären.					132/133
... thematische (z.T. interaktive) Karten zur Wirtschafts-, Bevölkerungs- und Siedlungsstruktur Deutschlands und Sachsen-Anhalts selbstständig auswählen, auf ihre Eignung prüfen und auswerten.					132/133
... Raumordnungskarten und Raumentwicklungsmodelle Deutschlands unter Verwendung der Fachsprache erläutern.					132, 135, 116/117
... die Bedeutung Deutschlands als Wirtschaftsraum und seine Verflechtung innerhalb Europas erläutern.					134/135
... den Bedeutungswandel von Wirtschaftssektoren am Beispiel des Drei-Sektoren-Modells erläutern und begründen.					136/137
... den primären, sekundären, tertiären (und quartären) Wirtschaftssektor in Deutschland und Sachsen-Anhalt analysieren.					138–145, 150–153
... Daten kritisch hinterfragen.					143
... den Strukturwandel in einem Verdichtungsraum analysieren, dabei Standortfaktoren erläutern und ihren Bedeutungswandel begründen.					146–149
... eine Exkursion planen, durchführen und einen Exkursionsbericht (digital) verfassen.					154
... die Methode der Standortanalyse vor Ort auf einen Wirtschaftsraum anwenden, dabei Arbeitsergebnisse reflektieren und diskutieren.					155

Aborigines (S. 78)
von lateinisch: ab origines=
ursprünglich, von Anfang an;
Bezeichnung heute für die
Ureinwohner Australiens

Agrobusiness (S. 65)
Organisations- und Produktionsform in der Landwirtschaft,
die der Industrie ähnlich ist;
Kennzeichen ist die Zusammenfassung aller Produktionsabläufe
von der Herstellung über die Verarbeitung bis hin zur Vermarktung in einem Unternehmen

Aktivraum (S. 117, 132)
aufstrebende Stadt-Umland-Re-
gion mit zentraler Lage, Zuwanderung, sehr guter Infrastruktur
sowie modernen Industrien und
Dienstleistungen; die Wirtschaftsleistung pro Einwohner
liegt erheblich über dem Durchschnitt des Gesamtraumes

Artesisches Becken (S. 87)
geologisches Becken, in dem
das Grundwasser zwischen
wasserundurchlässigen Schich-
ten unter Druck steht; beim
Anbohren tritt das Wasser in
artesischen Brunnen zutage

Cluster (S. 60, 145)
räumliche Konzentration miteinander verbundener Unternehmen und Institutionen innerhalb
eines bestimmten Wirtschafts-
zweiges

**Bruttoinlandsprodukt, BIP
(S. 32)**
Maß für die wirtschaftliche Leis-
tung der Volkswirtschaft eines
Landes; Wert aller Güter und
Dienstleistungen, die in einem
bestimmten Zeitraum (meist
Jahr) erwirtschaftet werden

Disparitäten (S. 32)
Ungleichheiten hinsichtlich wirtschaftlicher und gesellschaftlicher Entwicklungsstände zwischen Ländern bzw. Regionen

endemisch (S. 84):
nur in einem bestimmten Gebiet
vorkommende oder lebende
Tiere und Pflanzen

Euregio (S. 122)
Region an den Binnen- und
Außengrenzen der EU, in der
grenzüberschreitende Zusammenarbeit vereinbart und prak-
tiziert wird, z. B. auf dem Gebiet
des Tourismus, des Sports, der
Kultur, des Umweltschutzes

Europäische Union (S. 114)
Staatenbündnis von europäischen Mitgliedsländern mit dem
Ziel der wirtschaftlichen, kulturellen und politischen Zusammenarbeit

Farm (S. 65, 88)
landwirtschaftlicher Betrieb (im
englischen und amerikanischen
Sprachgebrauch, entspricht
dem deutschen Begriff Bau-
ernhof); Zunahme von Factory
Farms mit großen Flächen, hohem Mechanisierungsgrad und
Kapitalaufwand

Favela (S. 36)
Armenviertel mit schlechten
Lebensbedingungen; die Grund-
bedürfnisse der Bevölkerung
werden nicht erfüllt

Global City (S. 55)
Weltstadt mit Steuerungsfunktion für die Weltwirtschaft und
-politik

Guano (S. 101)
Exkremente von Seevögeln, die
sich durch Verwitterung in Kalziumphosphat umwandeln; dient
als wertvoller Dünger

Handelsbilanzsaldo (S. 57)
Differenz zwischen exportierten
und importierten Waren eines
Landes in einem bestimmten
Zeitraum (z. B. ein Jahr); kann
positiv, negativ oder ausgeglichen sein

Hotspot (S. 94)
ortsfester Aufschmelzungs-
punkt im Erdmantel; von ihm
aus dringt Magma durch die
sich langsam darüber bewe-
genden Platten; es entstehen
Hotspot-Vulkane (z. B. Hawaii)

Korallen (S. 94)
Polypen, die in tropischen Meeren leben; sie wandeln Plankton
und Meerwasser in Kalk um und
türmen Riffe auf

Koralleninsel (S. 94)
kleine und flache, aus Korallen-
riffen aufgebaute Insel (Saum-
riff, Wallriff, Atoll)

Landwirtschaft (S. 138)
gewerblicher Pflanzenbau und
Tierhaltung mit dem Ziel der
Produktion von Nahrungsmit-
teln, Futter und Rohstoffen wie
Wolle, Fasern, Biokraftstoff

Metropolisierung (S. 27)
Prozess der Konzentration der
Bevölkerung, Wirtschaft und
Verwaltung sowie der kulturel-
len und sozialen Einrichtungen
in zumeist nur einer Stadt eines
Landes, der Metropole

Metropolregion (S. 132, 149)
umfasst eine oder mehrere
Kernstädte mit dicht bebautem
Umland und angrenzenden
ländlichen Gebieten; gilt als Motor der sozialen, gesellschaftlichen und wirtschaftlichen
Entwicklung eines Landes

Mobilität (S. 49)
Beweglichkeit von Personen
oder Gruppen; drückt eine große
Bereitschaft aus, aus beruflichen oder privaten Gründen
den Wohnort zu wechseln;
dazu zählen auch das Pendeln
zwischen Wohn- und Arbeits-
ort und das Bereisen anderer
Länder

NAFTA (S. 56)
nordamerikanisches Freihandelsabkommen (North American Free Trade Agreement) zwischen den USA, Kanada und Mexiko; durch Wegfall von Zöllen vereinfachter Handel zwischen den Staaten

Nationalpark (S. 70)
ausgewiesenes Gebiet mit besonders schönen oder seltenen Naturlandschaften; in ihm gelten Schutzbestimmungen zur Erhaltung der hier lebenden Tiere und Pflanzen

Naturraumpotenzial (S. 112)
Teile des Naturraumdargebots, die für bestimmte Nutzungen durch den Menschen von Interesse sind und dafür ein feststellbares Leistungsvermögen aufweisen

Outback (S. 81)
Bezeichnung der Australier für das trockene, heiße, wüstenhafte und meist menschenleere „Hinterland" ihres Kontinents fernab der dicht besiedelten Küstenregionen

Passivraum (S. 116, 117, 133)
peripherer ländlicher Raum oder altindustrialisierte Region mit Stagnation oder Rückgang der Wirtschaftsleistung

Profilskizze (S. 95)
stellt den Schnitt durch einen Teil der Erdkruste grafisch dar; eine geomorphologische Profilskizze veranschaulicht Reliefformen über einen Höhen- und Längenmaßstab

Raumentwicklungsmodell (S. 117, 132)
Instrument zur kartographischen Darstellung der Raumstruktur einer Region; die Modelle zeigen Disparitäten und Entwicklungstendenzen auf

Raumordnung (S. 132)
in einem Land angestrebte räumliche Ordnung von Wohnstätten, Wirtschaftseinrichtungen, Infrastruktur usw.

Standortfaktor (S. 144, 145)
Einflussgröße auf die Standortwahl; unterschieden werden harte und weiche Standortfaktoren

Standorttheorie (S. 144)
Theorie zur Erklärung der räumlichen Verteilung von Wirtschaftsbetrieben

Strukturwandel (S. 58, 136 ff.)
Veränderung in der Struktur eines Raumes, eines Wirtschaftsbereiches oder Betriebes; Umstellung einer einseitigen Wirtschaftsstruktur hin zu einer Vielseitigkeit bzw. Wechsel von einer Branche zur anderen

Subvention (S. 118)
staatliche Finanzhilfe für einzelne Unternehmen oder Wirtschaftsbereiche, die bei der wirtschaftlichen Entwicklung benachteiligt sind

Tertiärisierung (S. 68)
Zunahme der Arbeitsplätze im Dienstleistungsbereich, dagegen Abnahme im primären und sekundären Sektor

Urbanisierung (S. 28)
Ausbreitung städtischer Lebensformen und Verhaltensweisen; Suburbanisierung: Ausdehnung einer Stadt in ihr Umland; Reurbanisierung: Wiederbelebung der Kernstadt

Verdichtungsraum (S. 146)
regionale Konzentration von Einwohnern und Arbeitsplätzen mit entsprechender Bebauung und Infrastruktur sowie mit intensiven sozio-ökonomischen Verflechtungen

Verstädterung (S. 27)
Zunahme der Stadt- gegenüber der Landbevölkerung durch Landflucht

Vulkaninsel (S. 94)
vom Meeresboden aus gewachsene und über die Meeresoberfläche hoch aufragende vulkanische Insel

Welterbestätte (S. 24)
in die Welterbeliste der UNESCO aufgenommene, besonders zu schützende Natur- und Kulturerbestätte der Erde

Wirbelsturm (S. 21, 96)
sich kreisförmig bewegender, wandernder Luftwirbel, der in tropisch-warmen Gewässern der Weltmeere entsteht; Kennzeichen sind eine windstille Zone im Kern (Auge) und orkanartige Windgeschwindigkeiten im äußeren Ring; je nach Entstehungsgebiet als Hurrikan, Taifun, Zyklon oder Willy-Willy bezeichnet

Wirtschaftssektor (S. 58, 136)
Bereich der Wirtschaft, in dem ähnliche Wirtschaftszweige zusammengefasst sind; unterschieden werden der primäre, sekundäre und tertiäre (sowie quartäre) Sektor

Wirtschaftsstruktur (S. 32, 58)
Struktur als Bezeichnung von innerer Ordnung, Gliederung; bezogen auf die Wirtschaft einer Region spricht man von Wirtschaftsstruktur

123RF.com, Hong Kong: Marina Kuchenbecker 141.1. |action press, Hamburg: SIPA 61.1. |AFP Agence France-Presse GmbH, Berlin: Edelson, Josh 21.1. |Agentur Focus - Die Fotograf*innen, Hamburg: 23.2; S. Maze/Woodfin Camp 39.3. |akg-images GmbH, Berlin: 126.2. |Alamy Stock Photo (RMB), Abingdon/Oxfordshire: Aerial Archives 32.1; Andrey Kekyalyaynen 109.2; B.A.E. Inc. 101.3; Bill Bachman 81.2, 89.2; CharlineXia Ontario Canada Collection 15.1; Contraband Collection 51.1; Dagnall, Ian 52.1; David R. Frazier Photolibrary, Inc. 26.1; Dirscherl, Reinhard 94.2; LightField Studios 110.1; Manley, Tina 48.10; Mayall, Paul 85.1; OJO Images Ltd 111.2; Rob Walls 79.1. |Arco Images GmbH, Iserlohn: Auscape 82.2. |Astrofoto, Sörth: 54.1. |Australian Embassy, Berlin: 84.2. |Baaske Cartoons, Müllheim: Kaczmarek, Peter 110.2. |Bahr, Matthias, Vechta: 93.1. |Bildagentur Geduldig, Maulbronn: 61.2. |bildagentur-online GmbH, Burgkunstadt: 27.1. |BMW AG, München: Klindthworth 58.5. |Braunschweig Stadtmarketing GmbH, Braunschweig: Fotos li.u.: Gerald Grote / re.: Jürgen Sperber 144.1. |Bundesministerium für Ernährung und Landwirtschaft (BMEL), Bonn: 141.2. |CartoonStock.com, Bath: 105.1. |Charles Darwin Foundation, Islas Galápagos: 103.1. |Colditz, Margit, Halle: 18.1, 30.8, 39.1, 103.4, 142.1. |ddp images GmbH, Hamburg: Millauer, Norbert 114.1. |Dear, Los Angeles: 28.2. |Demmrich, André, Berlin: 22.1, 23.1, 24.3, 99.1. |Deutsche Post AG, Bonn: 149.1. |Deutsche UNESCO-Kommission e.V., Bonn: 24.1. |Deutsches GeoForschungsZentrum GFZ, Potsdam: 97.1, 97.2. |dreamstime.com, Brentwood: 7xpert 116.1; Ostafichuk, Angela 8.1. |Elmos Semiconductor SE, Dortmund: Erstellungsdatum des Bildes 2010 120.3. |Emmler, C., Simonswald: 81.3. |EUREGIO EGRENSIS Arbeitsgemeinschaft Bayern e.V., Marktredwitz: 123.2. |EUREGIO Zweckverband, Gronau, Gronau: 122.1. |Fechner & TOM GmbH, Halle (Saale): Luftbild Horst Fechner 148.1. |Fleischhauer, Tom, Erfurt: 50.1. |fotolia.com, New York: A. Raths 120.1; ARochau 132.3; Ben-Ari, Rafael 30.4; Bratslavsky, Natalia 24.2; contrastwerkstatt 68.1; daboost 130.5; Dreadlock 118.1; foto Arts 68.3; gaelj 17.2; Gor, Nataly 42.4; hotshotsworldwide 20.1; iofoto 92.2; Isselée, Eric 84.6; jelwolf 86.3; Jerome Dancette 8.9; K. Heidemann 17.3; Linack, T. 131.1; Mapics 130.4; moonrun 107.2; Netzer Johannes 138.2; oxystel 77.2; Radlgruber, Jakob 16.1; spql 133.1; Vladoskan 96.2; Whitworth, Ashley 84.5; Wilhelm, Andrea 89.1. |Französisches Verkehrsamt, Frankfurt/M.: 5.1, 75.1. |FTI Touristik, München: 95.1. |Gerster, Dr. Georg, Zumikon: 65.1. |Getty Images, München: AFP 31.2, 38.2; Bloomberg 62.2; Corbis News 58.3, 62.4; Glowimages RF 3.1, 4.2, 46.1; Linda Davidson/Washington Post 49.1; Mario Tama 48.8; Torsten Blackwood/AFP 86.2. |Getty Images (RF), München: Danny Lehman 4.1, 6.1. |Gräning, Horst, Lubmin: 132.2. |Grusellabyrinth NRW, Bottrop: 147.1. |Güttler, Peter - Freier Redaktions-Dienst (GEO), Berlin: 54.2, 109.4. |Hempel, Stephanie, München: Rita Goeser-Schwarzenbach 87.1. |Herzig, Reinhard, Wiesenburg: 71.1. |i.m.a - information.medien.agrar e.V., Berlin: 140.1. |iStockphoto.com, Calgary: 1001nights 40.7; argalis 108.1; Beano5 84.7; bodrumsurf 42.5; Bratslavsky, Natalia 15.2; CelsoDiniz 62.1; chelovek 28.6; dmbaker 150.4; EdStock 120.4; egiss 109.3; Evans, Mark 91.1; ez_thug 120.5; franckreporter 8.7; hadynyah 12.2, 32.2; helgy716 92.5; jamessnazell 28.3, 30.1, 34.1, 36.2, 40.1, 42.1, 48.3, 78.1, 130.1; jgroup 120.2; JohnCarnemolla 90.1; kandserg 92.3; Kerkez 150.3; Kirill Trifonov 8.6; kiwifootage 99.2; laughingmango 34.4; LianeM 123.1; Mlenny 48.9; mvaligursky 92.1; nycshooter 68.2; ollo 115.1; PapaBear 60.1; Pavone, Sean 132.1; photosbyjim 58.1, 62.3; pop_jop 48.4; ROBO-TOK 92.4; ronniechua 40.4; scyther5 152.1; Smileus 84.1; stocksharm 91.2; tomograf 82.1; visual7 36.5, 78.4; Vold77 95.3; Wildnerdpix 19.1; Woodkern 134.1. |juniors@wildlife Bildagentur GmbH, Hamburg: 39.2, 98.5; B. Luther 38.1. |Karto-Grafik Heidolph, Dachau: 22.2, 116.2, 119.2, 155.1, 155.2, 155.3, 155.4, 155.5, 155.6, 155.7, 155.8. |Kowasch, Matthias, Nouméa: 100.1. |laif, Köln: David Butow/ReduxRedux 51.2; Heeb 83.1; Karl-Heinz Raach 13.1; Moleres, Fernando 41.1. |Lindau, Anne-Kathrin, Lieskau: 154.1. |Lueger, Ralph, Essen: 154.2. |LWL-Industriemuseum, Dortmund: Foto: Förderverein Zeche Hannover 146.1. |Marckwort, Ulf, Kassel: 28.4, 28.5, 28.7, 28.8, 30.2, 30.3, 30.6, 30.7, 34.2, 34.3, 34.6, 34.7, 36.3, 36.4, 36.6, 36.7, 40.2, 40.3, 40.5, 40.6, 42.2, 42.3, 42.6, 42.7, 48.1, 48.2, 48.5, 48.6, 78.2, 78.3, 78.5, 78.6, 130.2, 130.3, 130.6, 130.7. |mauritius images GmbH, Mittenwald: 136.1; age 39.5; Dirscherl 120.1; imagebroker 5.3, 128.1; Kliem, Reinhard 39.6; Raga 28.1; Rosing, Norbert 10.1; Torino 101.1. |Mexico City´s Government: Property rights 30.5. |Mithoff, Stephanie, Egestorf: 76.2, 137.3. |NASA, Washington: 60.2. |NASA Headquarters, Washington, DC: 8.5. |Nebel, Jürgen, Muggensturm: 19.2, 25.1. |OKAPIA KG - Michael Grzimek & Co., Frankfurt/M.: Emu 84.8; J.L.Klein/M.L.Hubert 84.3. |OSPAR Commission, London: 124.2. |Panos Pictures, London: Jocelyn Carlin 101.2. |PantherMedia GmbH (panthermedia.net), München: Kakalik, Thomas 109.1. |Peppermint Holding GmbH, Berlin: 137.2. |Picture-Alliance GmbH, Frankfurt a.M.: AP/Mario Jose Sanchez 67.1; Associated Press/Kathy Willems 55.1; Chad Ehlers 95.2; Christoph Sator 97.3; Dan Cepeda/The Casper Star-Tribune 52.2; dpa-Zentralbild/Förster, Peter 138.1; dpa/Avers, Lou 17.1; dpa/EU 141.3; dpa/Florian Schuh 119.1; dpa/Herold 12.1; dpa/Hildenbrand, Karl-Josef 125.1; dpa/Hurek, Markus C. 139.1; dpa/ Marcus Führer 58.6; dpa/Stache, Soeren 153.1; dpa/Teply, Marcus 69.2; dpa/Wagner, Ingo 124.1; empics/The Canadian Press/Jeff McIntosh 35.2; euroluftbild. de 151.2; Frank Brandmaier 58.2; Globus 115.2; Jens Kalaene 151.1; Krüger, Fred/DUMONT Bildar 98.1; m69/ZUMA Press 78.7; Morio Taga/Jiji Press Photo 48.11; Peter Endig 149.2; Ralf Hirschberger 37.1; RW_SCOPE/abaca 86.1; www.flyingdoctor.org 81.1; ZPress/Keystone/dpa 70.1. |Repplinger, Jasmin, Berlin: 111.1. |Reutemann, Simone, Leipzig: 8.3. |REUTERS, Berlin: Claro Cortes IV 48.7; Mick Tsikas 85.2; POOL New 96.1; Stapleton, Shannon 56.1; Whitaker, Paulo 37.2. |Schönauer-Kornek, Sabine, Wolfenbüttel: 84.4, 108.2, 112.1, 127.1. |Schultze, Frank, Dortmund: 12.3. |Schumann, Friederike, Berlin: 34.5. |Sebald, Martin / www.sebald.com, Esslingen: 8.8, 8.10. |Shutterstock.com, New York: Aunion, Juan 58.4; AustralianCamera 77.1; Bart Everett 29.1; dirkr 71.6; ducu59us 76.3; francesco de marco 71.5; Jon Bilous 15.3, 71.4; LaiQuocAnh 36.1; Lakeview Images 99.4; Marina Riley 76.1; meunierd 8.4; Phillip Minnis 88.1; Phisekit 98.2; Pisarenko, Vladimir 150.2; Ryder, Terry W. 71.2; Todorovic, Aleksandar 80.1; Vargas, Sonia 25.3; Wildnerdpix 71.3; Wilkinson, Christian 102.1; Zijlstra, Peter 98.4. |Simper, Manfred, Wennigsen: 98.3. |stock.adobe.com, Dublin: Aerometrex 4.3, 74.1; Pfluegl, Franz 11.1; roblan 25.2; SeanPavonePhoto Titel. |Strohbach, Dietrich, Berlin: 14.1, 18.2. |Süddeutsche Zeitung - Photo, München: 137.1. |The Australia Institute, Manuka ACT: 90.2. |U.S. Geological Survey, Sacramento: Ireland, Richard 67.3. |ullstein bild, Berlin: CARO/Göttlicher, Björn 39.4. |USDA-ARS United States Department of Agriculture, Beltsville MD: Scott Bauer 67.2. |ÜSTRA Hannoversche Verkehrsbetriebe Aktiengesellschaft, Hannover: Bargiel, Martin 150.1. |vario images, Bonn: RHPL 29.3. |VERDEVERTICAL, San Mibuel Chapultepec/Mexico City: 2016 31.1. |Volkmann, H., Bochum: 35.1. |Westend 61 GmbH, München: Rietz, Martin 94.1. |wikimedia.commons: 49.2, 50.2; A.J. Morris/Lizenz: CC BY-SA-3.0 99.3; Blossey, Hans 146.2; Escapedtowisconsin 8.2; Roman.b/Lizenz: CC Free Art License 1.3 100.2. |WindowsOnOurWorld.com: 29.2. |Zentrum für europäische Bildung, Bonn: 5.2, 106.1, 107.1. |Zielske, H. + D.: 69.1. |© Council of Europe, Strasbourg: ECML 110.3. |© Europäische Union: 126.1.

Mit Beiträgen von:

Matthias Bahr, Matthias Baumann, Kerstin Bräuer, Andreas Bremm, Ursula Brinkmann-Brock, Klaus Claaßen, Evelyn Dieckmann, Verena Dlugoß, Elfriede Eder, Rainer Ellmann-Bahr, Dieter Engelmann, Dirk Felzmann, Helmut Fiedler, Tom Fleischhauer, Roland Frenzel, Sarah Franz, Martin Freytag, Thilo Grindt, Steffen Hänel, Martin Häusler, Guido Hoffmeister, Uwe Kehler, Holger Kerkhof, Peter Kirch, Gunnar Klinge, Renate Koch, Peter Köhler, Hans Kröger, Cornelia Linde, Wolfgang Latz, Christiane Meyer, Frank Morgeneyer, Stefan Müller, Rainer Niedernostheide, Bernd Raczkowsky, Jasmin Repplinger, Simone Reutemann, Karin Richter, Ines Rittemann, Claudia Schaal, Christian Seeber, Wolfgang Stark, Rainer Starke, Dietrich Strohbach, Joachim Vossen, Silke Weiß, Dorothea Wiktorin, Thomas Zehrer.

Übersicht über Operatoren/Signalwörter

Anforderungsbereich I (Reproduktion)
- Wiedergeben von Sachverhalten aus einem begrenzten Gebiet im gelernten Zusammenhang
- Beschreiben und Verwenden gelernter und geübter Arbeitsweisen in einem begrenzten Gebiet und einem wiederholenden Zusammenhang

aufzeigen	Sachverhalte in ihren Grundaussagen knapp wiedergeben
beschreiben	geographische Sachverhalte bzw. Materialinformationen mit eigenen Worten zusammenhängend, geordnet und fachsprachlich angemessen wiedergeben
bestimmen	Daten, Ziele, geographische Objekte nach Kriterien feststellen oder zuordnen
darstellen	aus dem Unterricht bekannte oder aus Material entnommene Informationen/Sachverhalte verdeutlichen
durchführen	Untersuchungen wie Erkundungen, Exkursionen, Befragungen nach genauen Anleitungen/Arbeitsschritten vollziehen
ermitteln	Daten und Fakten zu einem bestimmten Sachverhalt mit bekannten Arbeitsmethoden aus Material gezielt herausarbeiten
lokalisieren	geographische Objekte und Raumbeispiele verorten und in räumliche Orientierungsraster einordnen
nennen	Informationen/Sachverhalte ohne Kommentierung wiedergeben bzw. aufzählen
wiedergeben	erlernte/erarbeitete Informationen und Sachverhalte so wiederholen, dass die inhaltlichen Schwerpunkte deutlich aufgezeigt werden

Anforderungsbereich II (Reorganisation und Transfer)
- selbstständiges Ordnen, Bearbeiten und Erklären bekannter Sachverhalte
- selbstständiges Anwenden und Übertragen des Gelernten auf vergleichbare Sachverhalte

analysieren	komplexe Sachverhalte unter Nutzung von Materialien systematisch untersuchen, Einzelheiten in Beziehung setzen und Strukturen herausarbeiten
anwenden	Untersuchungsmethoden, Theorien, Modelle auf neue räumliche Sachverhalte und Prozesse beziehen sowie Arbeitsergebnisse auf ein neues Fall- oder Raumbeispiel übertragen
auswerten	gegebenes Material nach Arbeitsschritten lesen sowie Einzelergebnisse in einen Zusammenhang stellen und zu einer Gesamtaussage zusammenführen
charakterisieren/ kennzeichnen	Sachverhalte in ihren Grundzügen und Eigenarten beschreiben sowie nach Kriterien typische Merkmale herausarbeiten
ein-/zuordnen	Sachverhalte begründet in einen Zusammenhang stellen bzw. systematisieren und Räume in ein Orientierungsraster einordnen
erklären	Strukturen und Prozesse so darstellen, dass Bedingungen, Ursachen, Folgen und Gesetzmäßigkeiten verständlich werden
erläutern	komplexe Sachverhalte so beschreiben, dass Beziehungen deutlich werden
erstellen/ erarbeiten	Sachverhalte unter Verwendung der Fachsprache inhaltlich und methodisch angemessen (graphisch) darstellen
vergleichen	nach Kriterien Gemeinsamkeiten, Ähnlichkeiten und Unterschiede zwischen Strukturen, Prozessen, Ereignissen u. a. darlegen und ein Fazit ziehen